人性化城市交通发展研究

李 俊 著

中国社会科学出版社

图书在版编目（CIP）数据

人性化城市交通发展研究/李俊著.—北京：中国社会科学出版社，2007.10
ISBN 978－7－5004－6511－9

Ⅰ.人… Ⅱ.李… Ⅲ.市区交通—研究 Ⅳ.V12

中国版本图书馆 CIP 数据核字（2007）第 170212 号

策划编辑	卢小生（E－mail：georgelu@vip.sina.com）
责任编辑	卢小生
责任校对	修广平
封面设计	久品轩
技术编辑	李 建

出版发行	中国社会科学出版社		
社　　址	北京鼓楼西大街甲 158 号	邮　编	100720
电　　话	010－84029450（邮购）		
网　　址	http://www.csspw.cn		
经　　销	新华书店		
印　　刷	北京新魏印刷厂	装　订	丰华装订厂
版　　次	2007 年 10 月第 1 版	印　次	2007 年 10 月第 1 次印刷
开　　本	705×1000　1/16	插　页	2
印　　张	11.5	印　数	1—6000 册
字　　数	221 千字		
定　　价	26.00 元		

凡购买中国社会科学出版社图书，如有质量问题请与本社发行部联系调换
版权所有　侵权必究

序

随着我国社会经济的快速发展，城市化水平不断提升，城市交通问题也日益突出。构建和谐社会，强调以人为本，是我国的基本国策。本书从"以人为本"、科学发展的理念出发，研究人性化城市交通的理论及应用，其选题具有较重要的理论和现实意义。

本书分析了城市交通发展过程中存在的问题，人性化与城市交通发展的关系，给出了人性化城市交通的内涵，提出了人性化城市交通发展的理论框架，论证了人性化城市交通发展目标，并构建了目标体系，研究了人性化城市交通发展评价指标体系的建立、指标量化的方法和综合评价模型，提出了人性化城市交通发展模式和措施，并以武汉城市交通为对象进行了实证研究。

本书研究思路清晰，研究方法科学合理，作为一项研究成果，具有理论和实用参考价值，并且具有一定的创新性。全书结构合理，层次分明，文笔流畅。同时，人性化城市交通的发展是一个较新的课题，无论是其理论体系还是实际应用都处在摸索过程中，本书在这方面的探讨是十分有益的，也是初步的，还有较大的空间可供探讨。

随着社会的进步和时代的发展，人们对人性化城市交通内涵的理解将进一步丰富，城市交通人性化发展的理念也将进一步提升，城市交通的人性化水平必将随着社会的发展、技术的进步、观念的更新而不断提高。

武汉理工大学交通学院教授、博士生导师

2007 年 6 月于武汉

前　言

随着国民经济的发展和社会的进步，我国城市交通建设获得了很大的发展，交通基础设施水平大大提升，机动车拥有量及道路交通量急剧增加，整体结构明显改善，基本形成了颇具规模的现代化城市交通体系。但是，在这一过程中也出现了交通拥挤日益严重、城市交通安全问题突出、交通污染严重、车本位现象突出等问题，与对社会主义和谐社会的追求不相适应。我国现阶段要构建的社会主义和谐社会首先是以人为本的，城市交通应强调人本位，以人的基本生活、心理、行为和文化物质需要为出发点，创造良好的环境供人使用，考虑人与城市交通的时空关联，体现对人的全方位关爱。对人性化城市交通发展的理论和应用进行研究，有利于提高人们对人性化城市交通的关注和认识水平，从而促进人性化城市交通的建设，有利于解决交通拥挤问题，创建安全的交通环境，治理和控制交通污染，真正实现城市交通的以人为本。

本书首先分析了人性化与城市交通的关系及城市交通存在的主要问题，论证了人性化城市交通发展的原因，给出了人性化城市交通的定义，归纳了人性化城市交通发展的基本原理和原则，构建了人性化城市交通发展的理论框架。其次论述了人性化城市交通发展的目标体系，把人性化城市交通的目标设定为包含机动车效用、行人效用、政府效用在内的总效用最大化。再次采用德尔菲法和层次分析法，建立了人性化城市交通发展指标体系，建立了人性化城市交通发展评价模型；并提出了人性化城市交通的发展模式及发展措施。最后以武汉城市交通为实证，分析了武汉城市交通发展现状，对武汉市人性化城市交通的发展水平进行了定量评价，提出了武汉市构建人性化城市交通的途径。

本书是在作者本人的博士学位论文的基础上修改完成的。从收集的资料来看，国内还没有对此课题的系统研究，这就决定了课题研究的挑战性。本书无论是选题还是构思都具有一定原创性，具体而言，有四个创新性的探索：一是提出了人性化城市交通的定义和发展原则；二是构建了人性化城市交通的理论框架，提出了发展模式和发展措施；三是构建了人性化城市交通发展的目标体系和评价指标体系，建立了评价模型；四是运用人性化城市交通发展的思想，对武汉市人性化城市交通的发展水平进行了实证评价，并提出了武汉市构建人性化城市交通的途径。

　　人性化城市交通的发展是一个较新的课题，无论是其理论体系还是实际应用都处在摸索过程之中，本书也只是在这方面做一些探讨，所做的研究也只是初步的，还有较大的空间可供探讨。这主要体现在三个方面：一是内涵需要进一步挖掘。随着社会的进步和时代的发展，人们对城市交通的理解也处在变化之中，对城市交通与环境、资源的关系的理解也在深化，因此，什么样的城市交通才是人性化的城市交通，它的内涵应该如何随着社会的发展进行丰富将是一个长期的课题。二是目标选择模型需要进一步明晰。本书中提出的人性化城市交通发展的目标选择是使包括机动车、非机动车、行人、政府在内的所有交通参与者的总效用最大化，并对总效用最大化的条件进行了分析，但是，由于各交通参与者效用函数的具体表达式不易建立，因此，本书提出的总效用最大化的条件只是方向性的，如何探讨交通参与者效用与各影响因素之间更明确的关系，进而将总效用最大化的条件明晰化，需要做进一步的研究。三是发展理念需要进一步提升。对于如何实现城市交通的人性化，理论界和实业界都还处于不断探索过程中，城市交通人性化发展规划的制定、交通设施人性化建设的推进，以及人性化管理的加强，都会随着社会的发展、技术的进步、观念的更新而不断进步，这也为进一步的研究提供了空间。

目　　录

第一章　绪论/1
　第一节　问题的提出与意义/1
　　一、研究背景/1
　　二、研究的意义/3
　第二节　文献综述/3
　　一、相关文献的回顾/3
　　二、对相关文献的评价/12
　第三节　本书的主要研究内容与方法/12
　　一、研究内容/12
　　二、研究方法与技术路线/13
　第四节　研究结论/14

第二章　人性化城市交通的基本原理与框架/16
　第一节　人性化城市交通发展的原理/16
　　一、人性化城市交通的定义/16
　　二、人性化城市交通发展的思想基础/18
　　三、人性化城市交通发展的基本原理/33
　　四、人性化与城市交通/38
　第二节　人性化城市交通发展的原则/40
　　一、以安全为前提/40
　　二、以环境为基础/42
　　三、以管理手段为保障/43
　　四、以人的满意度为标准/44
　第三节　人性化城市交通发展的理论框架/45

一、人性化城市交通的发展目标/47
　　二、人性化城市交通发展的评价体系/47
　　三、人性化城市交通的发展模式/48
　　四、人性化城市交通的发展措施/48
　第四节　本章小结/49

第三章　人性化城市交通发展目标与选择/50
　第一节　城市交通发展目标的不同理解/50
　　一、车本位与人本位/50
　　二、路权平等与公交优先/52
　　三、投资优先与管理优先/53
　第二节　人性化城市交通的目标内涵/55
　　一、建设和谐交通环境/55
　　二、保护城市交通参与者中的弱者/57
　　三、实现城市交通可持续发展/58
　第三节　人性化城市交通发展目标体系/59
　　一、安全目标/59
　　二、便捷度目标/61
　　三、生态目标/66
　　四、满意度目标/67
　第四节　人性化城市交通发展的目标选择/68
　　一、机动车效用分析/68
　　二、行人效用分析/70
　　三、政府效用分析/71
　　四、人性化城市交通发展目标/71
　第五节　本章小结/72

第四章　人性化城市交通发展评价/74
　第一节　人性化城市交通发展评价的要点/74
　　一、人性化城市交通发展评价的概念/74
　　二、评价原则/74

三、评价内容/75
第二节 人性化城市交通发展评价指标体系的构建/77
　　一、评价指标体系构建的基本要点/77
　　二、人性化城市交通发展的评价指标/79
　　三、人性化城市交通发展评价指标体系/91
第三节 人性化城市交通发展评价指标的量化/94
　　一、安全性评价指标的量化/94
　　二、便捷性评价指标的量化/95
　　三、生态性评价指标的量化/96
　　四、满意度评价指标的量化/97
　　五、城市交通人性化水平量化标准/98
第四节 人性化城市交通发展综合评价模型/98
　　一、综合评价模型/98
　　二、评价指标权重的确定/99
　　三、评价模型中各指标值的确定/104
第五节 本章小结/105

第五章 人性化城市交通发展模式和措施/106
第一节 人性化城市交通的发展模式/106
　　一、城市交通发展的模式/106
　　二、人性化城市交通发展模式的选择/107
　　三、人性化城市交通发展模式的内容/109
第二节 城市交通的人性化发展规划/111
　　一、遵循以人为本的指导原则/111
　　二、坚持区域差别、人车路协调的思想/113
　　三、增进交通建设与管理法规的人性化内涵/114
　　四、优先发展公共交通/117
第三节 人性化城市交通的设施建设/124
　　一、促进基于人性化的城市交通基础设施建设/124
　　二、完善城市道路交通网络/129
　　三、实现各种交通方式间的人性化连接/134

第四节　城市交通的人性化管理/134
　　一、促进城市交通管理手段的现代化/134
　　二、实现交通管理中的人性化执法/137
　　三、严格控制城市交通污染/138
　　四、推进城市交通人性化发展的教育/141
第五节　本章小结/143

第六章　武汉市构建人性化城市交通的实证研究/144
第一节　武汉市交通发展的现状分析/144
　　一、武汉城市交通发展现状/144
　　二、中部崛起战略与武汉城市交通/147
　　三、武汉城市圈建设与武汉交通/149
第二节　武汉市城市交通的人性化评价/151
　　一、武汉市城市交通的客观指标值/151
　　二、武汉市城市交通的主观指标值/152
　　三、武汉市城市交通的人性化水平/153
第三节　构建人性化的武汉城市交通/154
　　一、制定有特色的人性化武汉交通发展规划/154
　　二、推进武汉交通设施的人性化建设/157
　　三、加强城市交通的人性化管理/161
第四节　本章小结/165

参考文献/166

后记/173

第一章 绪论

第一节 问题的提出与意义

一、研究背景

随着国民经济的发展和社会的进步,我国城市交通建设获得了很大的发展,交通基础设施水平大大提升,机动车拥有量及道路交通量急剧增加,整体结构明显改善,基本形成了颇具规模的现代化城市交通体系。但是,在这一过程中也存在一些问题,主要包括城市交通拥挤日益严重、交通安全问题突出、交通污染严重、交通规划中车本位现象突出等。

(一)城市交通拥挤问题日趋严重

随着国民经济的高速发展和城市化进程的加快,我国机动车拥有量及道路交通量急剧增加。城市交通拥挤日趋严重,成为制约城市发展的瓶颈问题之一。传统的观点认为,解决交通拥挤最直接的途径就是加大投资力度,修建更多、更宽的道路,然而,城市交通基础设施投资力度的增加尤其是城市道路的建设又会刺激机动车交通需求的迅速增长,道路交通拥挤现象不但得不到缓解,相反可能变得更加严重。交通拥挤使交通延误增大,行车速度降低,带来时间损失;低速行驶增加耗油量导致燃料费用的增加,同时增加汽车尾气排污量导致环境恶化。

(二)城市交通安全问题突出

随着城市交通量的增加,安全问题成为我国城市交通存在的突出问题之一。仅2005年,我国共发生道路交通事故450254起,造成98738人死亡、469911人受伤,直接财产损失18.8亿元,机动车驾驶员违法行为是交通事故的主要原因,超速行驶、占道行驶、无证驾驶、酒后驾驶、疲劳驾驶等原因造成的交通死亡事故突出,这其中很大一部分是发生在城市交通道路上的。频发的事故及其给社会造成的生命、财产损失有违城市交通服务于人的宗旨，应努力加以控制。

（三）城市交通污染严重

城市交通在发展过程中伴随的一个重要问题，就是对环境造成的污染。城市交通对环境的负面影响主要包括大气污染和噪声污染。直接由汽车排放的污染物以及与交通源相关的主要污染物有一氧化碳、氮氧化物、碳氢化合物、二氧化硫、二氧化碳、臭氧等。美国环境保护署公布的数据表明，1992年美国城市大气中一氧化碳的67%、氮氧化物的43%来源于机动车排放。2003年，北京、上海、广州等大城市中机动车排放的一氧化碳、氮氧化物平均占大气污染的80%和68%，说明我国大城市的大气污染和发达国家一样，汽车排放已成为城市大气污染的主要来源。城市交通除了造成大气污染外，噪声污染也引起人们的听觉疲劳或听力损伤，影响人们身体健康，干扰人们的正常生活和工作。我国47个城市的噪声调查资料表明，白天平均声级为59dB（A），夜间为49dB（A），道路交通噪声大多超过70dB（A），有的高达74dB（A），2/3的城市人口暴露在较高的噪声环境之下，有近30%的城市居民在难以忍受的噪声环境下生活。

（四）城市交通规划中车本位现象突出

英国学者汤姆逊研究了西方国家20世纪六七十年代完成的600份城市交通规划报告，对当时的规划提出了严厉批评，认为当时的城市交通规划是面向"车本位"，而不是"人本位"的。主要表现在：一是城市交通调查的对象是机动车出行特征，忽视对居民出行意愿的研究，交通调查收集了大量的统计数字，如车辆出行次数、车辆出行OD、车辆出行时间分布、居民乘车目的等，这些统计数字只能说明机动车使用者的出行特征，而不能说明其他交通参与者的活动愿望、出行意愿以及意愿满足情况。二是城市交通规划的对象是机动车交通，而不是人与货的交通，当时许多规划者把出行距离短的步行和自行车交通视为与城市交通不相关的问题，根本没有意识到较长的机动车出行在好的交通规划下可以用短的步行和自行车交通代替。三是步行设施不受重视，由于机动车交通的增长，使居民步行变得非常困难，人们过街不方便，安全受到威胁。当初那些面向"车本位"的道路交通改善方案，使得步行者的交通条件恶化，行人过街绿灯信号变短，很难穿过马路，或者被迫从过街地道或人行天桥上通过。这些情况目前在我国也不同程度地存在着。

二、研究的意义

不回避现实问题是科学研究应坚持的原则。城市交通的发展给人们的幸福生活提出挑战，高扬以人为本的旗帜，尊重人的生存和发展的权利，追求人们幸福的身心生活与城市交通发展的和谐统一，致力于提高交通参与者的满足感和满意度，具有鲜明的时代性和前瞻性。

（一）理论意义

1. 提高理论认识。其一是加强对城市交通与人的利益协调发展的理论认识；其二是对人与城市交通发展的关系予以新的界定。

2. 丰富和完善了现代城市交通发展理论。人性化城市交通强调人本位，将交通参与者摆在第一位，以人的基本生活、心理、行为和文化物质需要为出发点，重新界定人与城市交通的关系，将人体现在城市交通中，即城市交通要创造良好的环境供人使用，考虑人与城市交通的时空关联，处处体现对人全方位的关爱。

（二）实践意义

1. 构建和谐社会的要求。倡导个性解放和人的全面发展的当今时代，和谐社会必然被要求要尊重个人诉求，体现人文关怀，应当是基于人性化的和谐社会。

2. 解决城市交通问题的需要。在系统的人性化理论指导下进行城市交通发展实践，有利于提高人们对人性化城市交通的关注和认识水平，促进人性化城市交通的建设，有利于解决城市交通发展中与人的利益相冲突的问题，创建安全、顺畅、生态性的交通环境，提高人民的生活质量和满意度，促进城市的健康运行和发展，实现城市交通真正的以人为本。

第二节 文献综述

一、相关文献的回顾

（一）关于人性化的理论

人性化城市交通问题的研究首先涉及对人性及人性化的理解。人性是指人的共性，同"神性"、"兽性"、"非人性"、"反人性"等概念相对，是人的自然属性和社会属性的统一。迄今为止，对于什么是"人性"还没有一个统一的定义，吴沁芳（2002）提出，道德实现的内在依据和根本归宿是人性，"反思和揭示人的本性……它并不取决于人们的现实选择如何，也不取决于多数人在事实上的状态如何，而仅仅取决于人之所以为人者所要求于人的究竟是什么"。总体上说，人性即人的本性，即人的本有、本然之属性，其内涵可界定为，人区别于动物的、人所特有的、一切人普遍具有的各种属性的总和。

同时，人们普遍承认和重视环境对人的后天作用，因此，很早就有人性化管理和人性化教育等思想。20世纪初泰罗的管理思想中始终贯穿着一种人性化的主旋律，其科学管理思想的背后已经孕育出人性化管理的最初萌芽。

王兴、李立（2004）等从人性化管理的起源和发展、人性化管理的内容和属性出发进行研究，提出了实施人性化管理的现实要求。人性化把人看成是现实的人或社会的人，特别强调并关注人的社会差异和个性差异，强调对个人权利应给予合理的尊重，给予人性化的思考与关怀。

萧琳、黄正泉（2004）等则从人性化教育的必然性和必要性出发，提出了在我国实施人性化教育的途径，认为人性化教育是一个综合了认知、情、意等精神范畴和生理范畴的统一体，即人品涵养教育。

目前，人性化教育并没有完整的成文形式提出。古代儒家学者很重视人性陶冶，强调人性的完善与教化，并逐步形成以人为中心、以善为导向、以人的需要为目的的人文教育传统，从而奠定了中国传统教育人性化的基调。20世纪70年代开始的教育改革目标就是发展人性化教育，并赋予教育理解、宽容、尊重和人道主义的精神。与人性化相关的一个概念是以人为本，韩庆祥（2004）认为，以人为本有三层内涵：一是对人在社会历史发展中的主体作用与目的地位的肯定；二是立足于解放人，为了人并实现人的现代化的价值取向；三是要求在分析和处理问题时要确立人性化的尺度，实行人性化服务的一种思维方式。

（二）关于人性化的城市规划与环境设计思想研究

人性化的城市交通必然要体现在一定的城市规划中，城市的整体规划会影响城市交通的发展方向。同时，人类的生存必须是处于一定的环境背景中，环境的优劣是一个国家经济发展、社会进步、现代文明的重要标志，人性化的城市交通也与一定的环境设计思想相联系。

沈清基（1994）提出，城市应处于有效的控制之下，更好地体现公平原则，符合公众利益，实现城市的综合效益。申金升、徐一飞（1999）等提出了可持续发展的观念，提出，要用可持续发展的观念重新审视城市规划中理性与人性的问题，强调可持续发展的"人性"观应包含把人的物质需求特点和规律建立在更高的科学层次上去研究，重视人作为主题的广泛参与，重视人的精神需求以及重视由社会经济成分的变化所引起的新的利益组合和互动关系对规划的影响。

邓颖敏（2004）从生理、心理、情感三方面提出城市规划中的人性化思想，在步行设施方面，以人的步行尺度来规划公共场所，使残疾人、老年人和儿童均能够在不依赖其他交通工具而到达所需要的医疗与教育等公共服务中心的同时，又不至于产生疲劳感；在工作与居住混合状态下，将居住、商业、公共设施与公交站通过街道与广场紧凑相连，商业和办公室设置在紧邻公园或广场的街道两旁，居住组团则分布在沿街的建筑之后；倡导和使用公共交通工具，减少居民对私人小汽车的使用，在规划中对公交中心及转乘站点的设置均从最大限度地便利居民的角度出发。

至于人性化的环境设计思想，王秀华（2004）谈到了居住环境中的"人性化"设计理念，指出以人为本是当代居住环境创造的共同要求。《雅典宪章》指出："居住为城市的主要因素，要多从居住的人的要求出发。"《华沙宣言》也曾指出："每个人都有生理的、智能的、精神的、社会的和经济的各种需求，这些作为每个人的权利都是同等重要的，而且必须同时追求。"

现代居住环境设计不仅关注其使用功能，如使用性、安全感、舒适度、人体工程尺度、环境生态、小气候等物质需求，更希望解决人类精神享受问题，如安全感、尺度认知、归属感、领域意识、认同感、审美情趣、文化内涵、移情、自尊与荣誉、价值取向等精神需求，只有同时满足人类物质和精神需求的环境才是人性化的环境。同时，作者就人性化设计的原则具体阐述了对人性化的理解，即满足居住活动的物质需求、满足居住活动的精神需求、私密性、舒适性、归属感、居住环境的空间设计原则。

（三）关于高速公路人性化规划设计研究

高速公路是一个国家现代化水平的标志之一。现有的关于高速公路规划设计的思想，很多是从人性化的角度考察高速公路的空间环境与景观设计的关系，从而提出更趋于人性化的措施。研究高速公路，有利于我们在研究城市道路交通的人性化问题上开拓新的思路，吸收最新的研究成果。

张萍（2003）提出了景观设计应突出人本精神，设计款式应具有地域特点和中国特色；认为有意义的景观设计是对自然的回应，孕育于自然而又能更好地表现自然；阐述了设计原则与指导思想，明确地提出人性化的设计指导思想，注重满足舒适、安全、方便、私密等方面的要求；同时提出，在方便、安全、经济、舒适的前提下，根据人们的不同的使用要求，环境允许的限度和本身的生态规律，将其妥善组织，有机构成，创造出一个满足人们物质生活与精神生活要求的多维环境空间。

林万明（2003）通过视觉特征、自然环境和地域文化等空间要素的分析研究，提出了在高速公路景观设计中应遵循的人性化原则，提出在进行道路景观设计时，要创造富含地域文化的景观环境，为司乘人员提供了解历史和审美体验的文化信息，列举了凯麻高速公路老猫冲隧道的大型主题浮雕以及重庆渝合高速公路上的"音乐人"雕塑；从景观的动态序列布局、改善视觉疲劳、遮光防眩、引导视线、解决"黑洞效应"这些细节中提出人性化设计的趋向。

F. M. 康斯尔（Council）和 P. F. 沃勒（Waller, 1998）等认为，在高速公路的设计中，应当至少考虑下列三个方面的安全因素，即司机安全、机动车安全和路面安全（不受损害），并指出了美国在实施高速公路安全项目中的不足，即安全项目由联邦政府负责，可实际设计和维护却在地方州政府，容易造成责权脱节等问题；认为高速公路安全的成功实施应当做到目标明确、关注变化、注重安全理念发展、项目组核心力及热情等几个方面。

（四）关于城市人性化的交通规划及总体战略思想研究

面对城市交通自身发展中存在的问题及其与环境、能源的矛盾，不少人开始探讨城市交通发展的总体规划和战略，直接从人性化角度考虑问题的还较少，一般是从可持续发展角度进行研究。

杨浩、赵鹏（2001）等较早地阐述了城市交通可持续发展的思想，论述了可持续发展概念的形成和内涵、既有交通运输系统的不可持续性以及交通运输可持续发展必须遵守的原则和基本特征；论述了交通运输的资源利用，包括能源利用、土地资源利用和其他资源利用；阐述了交通运输的环境影响，包括交通运输与温室效应、大气污染、交通噪声等的关系；论述了交通事故及其影响、道路交通安全的影响因素以及交通安全与交通运输可持续发展的关系。他们还分析了交通运输的外部性、交通运输外部成本的估算以及解决交通运输外部性的对策；分析了交通运输与社会经济可持续发展的关系，经济与社会对交通运输发展的基本要求，包括对运输网络建设和发展的要求、对交通运输工具的要求、对交通运输管理的要求和对公众的要求；分析了不同运输方式的技术经济特征、对资源利用与环境的影响以及各种运输方式的可持续发展潜力；提出中国交通运输可持续发展战略应包括建设强大、综合的交通运输体系、建设公共交通系统、实现与区域经济发展相结合的路网布局、实现交通运输系统的优先发展、综合采用先进技术、控制和治理环境污染等。

陆建（2003）则对城市交通系统可持续发展规划的理论与方法进行了研究，提出了建立由满足交通需求、优化资源利用、改善环境质量三方面要求组成的城市交通系统可持续发展规划目标体系，认为建立城市交通系统可持续发展保障体系也是规划的目标之一。他认为，我国城市交通结构必须在适合我国国情的基础上确立，经济较落后、资金短缺、人均资源少，决定了我国不可能像西方发达国家那样发展占地面积巨大、低密度的城市，而只能主要采用密集型城市的发展模式，注重城市内涵式发展。他在研究城市交通结构与城市规模、人口密度、城市形态的基础上，以城市交通可持续发展为目标，提出了从土地利用角度考虑的不同城市交通结构建议值；认为我国目前正处于交通结构调整时期，现阶段大城市、特大城市积极发展公共交通是合理的决策，城市总体交通结构的优化是在交通政策的引导下，考虑交通供求关系、交通环境分析与交通资源消耗分析的不断反馈、调整的平衡过程。在城市交通系统可持续发展规划中，交通需求预测由城市客运交通需求预测、城市货运交通需求预测和城市静态交通需求预测组成。他提出，近期对"四阶段"方法进行改进、远期面向可持续发展建立新型客运交通需求预测方法的思路，分析了城市停车需求的主要因素和相应的静态交通需求预测方法。对于面向可持续发展的城市交通网络布局规划方法，在城市交通系统可持续发展规划原则指导下，陆建则提出了城市道路网、公共交通、停车场等城市交通网络布局的总体思路，通过对现有网络规划方法的分析，根据交通需求预测结果，研究了城市道路网、交叉口、对外出入口道路、轨道交通、常规地面公共交通、停车场等交通网络的布局规划方法与技术，并介绍了相应规划方法在苏州、蚌埠等示范城市中的应用。在城市交通系统可持续发展保障体系方面，他认为城市的交通结构和交通环境容量都在诸多影响因素下处于一种动态的平衡状态，改变系统的平衡状态离不开外力的作用，推动城市交通可持续发展的外力就是城市交通系统可持续发展保障体系，提出了一套包括机制建设保障体系、政策法规保障体系、交通基础设施建设保障体系、技术保障体系等组成的城市交通可持续发展综合保障体系。

许传忠、刘杨（2003）等通过分析西方发达国家曾走过的"车本位"交通规划的历程，阐述了在我国现阶段，城市交通可持续发展的内涵是要综合协调居民出行需求、交通设施供应、城市环境质量与城市社会经济发展之间的相互关系，从而创立安全、高效、低污染和舒适的出行环境，总结了七个发展原则，即人本位、平等性、协调性、有序性、平衡性、延续性、可靠性原则，指出，要以交通安全、步行友好、低公害为满足出行选择的发展目标。

李朝阳、谢庆辉（1998）等认为，城市交通的发展应坚持平等性、协调性、有序性、平衡性和延续性原则，而我国城市道路规划建设中存在的问题包括道路交通供需矛盾突出，交通与土地利用不协调，路网等级结构、规划标准不合理，交叉口机、非、行人互相干扰，路段与交叉口通行能力不匹配，城市历史文脉被不同程度破坏等。

王培宏、贺国光（2003）等指出，一体化的交通系统是未来综合运输的发展方向，建立一体化的交通系统的基本目标是构筑人性化、合理化、信息化和生态化的交通空间，以人的交通需求为基本出发点，使人们在出行过程中同样能够享受高品质的生活。

何玉宏、周辉（2004）等从三个方面论述了城市交通规划设计中的人性化问题，一是城市交通系统的出发点和目的都是为了人，交通能力以及交通并非目的本身，需要给予城市交通中的弱势群体人性化的关怀。二是"撞了白撞"的规定凸显人文关怀的缺失，是对居于弱势地位的交通主体的生命的漠视。三是应优先发展公共交通，同时对私人交通加以适当的限制，合理规划公交网络以减少路上的行人，提高城市交通主体的安全意识，以创建人性化的城市交通环境。

（五）关于人性化的交通管理与交通环保研究

人性化的交通管理是指将人性化的因素引入到交通管理的现实应用中来，目前的研究主要集中在交通的畅通、出行的安全、对城市环境的污染最小等几个方面以及它们的相互关联。在汽车拥有量急剧增长的现实情况下，保持城市交通的畅通除了要求有良好的基础设施外，管理手段的科学化、人性化也是十分重要的方面，只有很好地解决人性化的问题，才能有效解决城市交通中出现的诸多问题。现在，人们比较关注的智能运输系统（ITS）将先进的信息技术、数据通信传输技术、电子控制技术及计算机处理技术等有效集合运用于一国或一地区整个地面运输管理体系，从而建立起一种在大范围内、全方位发挥作用的、实时、准确、高效的公路运输管理系统，以便公众能高效地使用公路交通设施及能源，促进经济的高速发展及社会生活质量的全面提高。

杨东凯、吴今培（2000）等主要阐述了智能运输系统（ITS）对于可持续发展的促进作用，指出，ITS的具体功能，并且对我国发展ITS提出了建议，指出，我国应走跳跃式的发展道路，可以在继续进行基础设施建设的同时，积极展开ITS的开发和应用。

Kees Nije、Hillie Talens（2001）等介绍了交通稳静化的概念，并介绍了澳大利亚政府为追求交通稳静化所采取的措施情况，认为交通的设计不能仅以安全为唯一目标，还应能很好地使参与交通的人能和谐地融入其中。

金键（2003）提出，通过系统的硬设施以及软措施降低机动车对居民生活质量及环境的负效应，改变鲁莽驾驶为人性化驾驶行为，改变行人及非机动车环境，以期达到交通安全、可居住性、可行走性；认为交通稳静化的新理念是追求交通的和谐，包括与景观和谐、与居住和谐、与安全和谐、与人文和谐。

申金升、刘志硕（2002）等针对由于交通规模不断扩大所带来的交通环境问题，提出了清洁交通的概念并进行了阐述，指出，清洁交通既可以满足社会经济发展对交通的需求，又可以合理地利用各种自然资源和能源，并保护环境的交通发展模式，其实质是一种使整个交通系统物耗、能耗以及污染最小的交通建设与运行模式，并建立了相应的评价体系，以清洁交通规则和燃气汽车为实例进行了论证。

刘志硕、申金升（2004）等用系统工程的原理和方法分析了污染物在环境系统中的输入输出模式，并建立了交通环境承载力的动态离散量化模型，力图为交通管理部门规划城市交通规模、确立交通环境整治方向、实现城市交通可持续发展提供科学决策依据。

（六）关于城市交通发展目标选择

城市交通发展目标选择是一个城市制定交通发展战略时要最先考虑的问题，是考虑城市发展的政策、步骤等问题的基础。近年来，对于城市交通发展目标选择的认识集中于"服务于人"、"可持续发展"等方面。

潘军（2004）认为，城市交通发展目标归根结底是为一个城市社会经济的发展创造环境，满足居住在城市的居民的需要，满足城市产业发展和人们就业的需要，满足到城市来旅游观光和商务等目的的需要。因此，城市交通的发展目标首先是一个服务目标，具体来说，交通发展目标是构筑一个安全、高效、可靠、生态、多元的城市综合交通系统，为城市发展创造优质的交通服务环境，实现城市可持续发展。

王世华、张国华（1997）等提出了城市交通可持续发展的目标，并用系统动力学的方法对其进行了因果关系分析。

何玉宏（2003）认为，城市交通的根本目标是在安全、经济、高效、舒适、选择性好的条件下，向全体市民提供到达市内任何地方的可达能力，提出发展公共交通是我国城市交通的治本之路，即以人为本、以人为中心的交通发展方式才是城市交通发展的核心。

苗栓明、赵英（1999）等在分析了沈阳市交通的基本特征与交通模式的基础上，结合沈阳市建设水平和城市可持续发展目标提出了沈阳市城市交通的发展战略与目标选择，认为沈阳市城市交通发展目标包括加快交通设施建设、公共交通现代化、有限畅通的管理、机动化交通的控制、交通资源有偿使用、重视和建设社会停车场、开发新区松散城市结构等各方面，从而实现可继承、连续、平稳和持久的可持续发展的战略。

肖玲（2004）着重介绍了上海国际化大都市一体化交通的发展目标、

原则和基本途径，以引导上海城市交通的发展；认为一体化交通将具备人性化、捷运化、信息化和生态化四个基本特征，即一体化交通的目标是以满足人的交通需要为出发点，以快速、大容量公共交通为运输主体，广泛采用交通信息技术，为城市居民创造宜人的交通活动空间。

（七）关于城市交通发展的评价指标体系

蒋大治、镇海燕（2002）等以科学、综合、协调、可操作四个方面为原则，建立了一套可持续发展的城市交通管理评价指标体系，比之现有的城市交通管理评价体系，增加了交通环境、交通生态、交通协调能力等方面的评价指标，并采用以二级模糊综合评价为框架的综合评价方法，对城市交通的管理状况做出总体评价。

刘士奇、王剑平（1994）等分析了我国公路交通安全的现状和国内外现行的安全评价指标，认为在对我国公路交通安全状况进行评价时，应在使用绝对指标的基础上应用相对指标，并选择一系列的评价指标组成一个评价指标体系，综合考虑人、车、路和环境诸方面因素的作用和影响，对我国公路交通安全状况做出全面和准确的评价，并在此基础上，应用模糊数学方法建立了自己的综合评价模式。

赵建有、杨雪峰（2004）等则本着科学、可行、实用、可比的原则，通过推导人、车在城市道路上的通行模式，建立了安全评价指标，并以西安市为例，考证了所建立的评价体系。

王云鹏、沙学锋（2004）等提出了利用动态交通仿真进行交通环境评价的新方法，即由交通网络模块、交通需求模块、动态交通仿真模块和车辆排放模块四个模块组合为交通排放评价模型，用以描述车辆在交通网络中的动态运动特性，并对整个城市的现代交通网络进行准确的交通环境评价，还可对特定的智能运输系统技术进行环境评估。

杨浩、赵鹏（2001）等提出了交通运输可持续发展的指标体系，包括发展性、持续性和协调性，其中发展性包括了数量指标和质量指标，持续性包括资源的利用、对环境的影响和超前性，协调性包括内部协调性和外部协调性，分析了交通建设项目可持续性评价指标体系，其中包括环境、资源、技术、经济和社会指标。

二、对相关文献的评价

发达国家在人性化的城市交通设施建设和管理方面有着较长时间的研究和较好的实践。欧洲注重城市道路设施、道路渠化组织、标志标线设备，围绕着以人为本的思想，从交通参与者安全、方便的出行来设置交通标志、标线、信号灯及其他管理设施。日本东京市内从空中高速道路到地下隧道，交通道路密如蛛网，公共交通准点运行，车站设计合理，乘客转乘十分便捷，交通服务热情周到，弱势群体受到照顾。当前，智能运输系统已经有了较为广泛的应用。

随着近年来我国"以人为本"的治国方针的提出，人们开始广泛地思考自身领域里的人性化问题，也涉及交通的人性化问题。我国在人性化城市交通方面有了一些起步，如主要道路渠化、公交专用道、残疾人通道、盲道，已经在大城市中越来越多地出现，甚至一些城市出现了过街行人自控系统等，但总的来说，投入太少，力度不够，影响较小。在人性化城市交通的理论研究方面还很肤浅，提及的较多，论述则明显不足，缺乏深入的内涵分析，更缺乏完整的理论体系。现有的城市交通可持续发展理论，虽然也涉及城市交通与环境、资源、安全等问题，但其研究的出发点和归宿仍是城市交通自身的发展，较少站在"人"的角度考察问题，对人与交通的互动关系、人的主观感受和对交通的满意度关注不够。所以，人性化城市交通发展的理论与应用研究，是以人为中心、以人性化为尺度，考察城市交通发展、环境、安全等因素与人的关系。

第三节 本书的主要研究内容与方法

一、研究内容

（一）人性化城市交通的基本原理与框架

分析人性化与城市交通的相关问题，提出人性化城市交通的定义，归纳人性化城市交通发展的原则，构建人性化城市交通发展的理论框架。

（二）人性化城市交通发展的目标

分析关于交通发展目标的不同理解，论述人性化城市交通发展目标的选择依据；阐述人性化城市交通发展的目标体系，包括人性化城市交通的交通质量、安全性、环境目标和满意度目标。分析包含着机动车效用、行人效用、政府效用在内的城市交通的社会效用问题，提出人性化城市交通发展的目标。

(三) 人性化城市交通发展评价

在结合人性化城市交通发展指标体系的特点的基础上，采用德尔菲法，从众多反映人性化的城市交通水平的指标中间选取主客观两方面的指标，采用层次分析法，将指标体系中的定性指标进行量化，对各指标进行赋予权重，从而建立一套人性化城市交通发展水平的评价模型，力求得出比较全面、客观的结论。

(四) 人性化城市交通的发展模式和措施

分析和提出人性化城市交通发展的模式；分析城市交通的人性化发展规划的制定；分析推进人性化的城市交通设施的建设问题；分析推进城市交通的人性化管理的途径。

(五) 武汉市构建人性化城市交通的实证研究

对武汉城市交通发展的现状进行分析，对武汉市人性化城市交通的发展水平进行定量评价，从制定有特色的人性化城市交通发展规划、推进城市交通设施的人性化建设、加强武汉城市交通的人性化管理等方面对武汉市构建人性化城市交通的途径问题进行探讨。

二、研究方法与技术路线

(一) 研究方法

1. 自然科学与社会科学相结合的方法。城市交通发展本身属于自然科学范畴，但人性化问题属于社会科学范畴，本书采用自然科学与社会科学相结合的方法，以探求城市交通发展人性化这一带有价值取向和人文精神的课题。

2. 规范分析与实证分析相结合的方法。本书分析了人性化城市交通发展的目标选择，属于规范分析的方法，这种规范分析提出了城市交通发展应有的方向；对武汉市人性化城市交通发展的研究则属于实证分析，表明了武汉城市交通发展在人性化水平上达到了何种水平，人性化城市交通发展的评价则为这种实证分析提供分析工具。

3. 定量分析与定性分析相结合的方法。对人性化城市交通发展的评价、武汉城市交通所处的人性化水平分析属于定量分析；对城市交通人性化内涵、特征以及人性化城市交通发展的实现途径及措施的探讨，则属于定性分析。

（二）技术路线

围绕人性化城市交通发展的内涵和指导思想，首先确定基于人性化的城市交通发展的理论框架，然后进行基于人性化的城市交通的目标选择（社会效用模型）、评价体系（评价模型）和实现途径的研究，最后形成在具体城市交通发展中的应用实际研究。

第四节 研究结论

本书研究了人性化城市交通发展的基本原理与框架、发展目标、评价方法、发展模式和措施，并对武汉市城市交通的人性化问题进行了实证研究。全书的主要结论如下：

第一，人性化城市交通，是以人为中心、以维护人的生存和发展的权利为准则、以人幸福的身心生活与城市交通发展的和谐统一为尺度、以提高交通参与者的满足感和满意度为目标的城市交通建设和发展过程。也可以说，人性化城市交通，是使人们在城市中，以最少的时间和经济成本、最低的身心消耗、最愉快的参与方式去达到他们的出行目标的交通状态，应该方便、快速适于人，安全、舒适愉悦人，和谐、满足鼓舞人。

第二，人性化城市交通发展的原则可以归纳为，以安全为前提、以环境为基础、以管理手段为保障、以人的满意度为标准。人性化城市交通发展的理论框架，包括人性化城市交通的目标选择、评价体系、发展模式和发展措施。

第三，人性化城市交通发展的目标体系，应包括安全目标、便捷度目标、生态目标和满意度目标。人性化城市交通的目标，可以设定为包含机动车效用、行人效用、政府效用在内的总效用最大化。

第四，人性化城市交通的评价体系由万车交通事故死亡率、万车交通事故率、主干道平均车速、平均行车延误、空气污染指数、噪声强度等客观指标和交通参与者对城市交通的满意度主观指标七个指标构成，采用层次分析法，将指标体系中的定性指标进行量化，对各指标赋予权重，建立起人性化城市交通发展水平的评价模型。

第五，人性化城市的交通应该遵循以人性化观念为统领、以人性化规划为抓手、以人性化评价为准绳、以人性化管理为手段的发展模式。

第六，实现城市交通的人性化发展，制定发展战略规划是前提，推进设施建设是基础，加强人性化管理是关键，只有兼顾这三个方面才能构建和谐的、人性化的城市交通。

第七，武汉市人性化城市交通的发展水平从总体上讲处于良好状态。武汉市应该制定有特色的人性化交通发展规划，推进武汉交通设施的人性化建设，加强城市交通的人性化管理，构建人性化城市交通。

第二章 人性化城市交通的基本原理与框架

第一节 人性化城市交通发展的原理

一、人性化城市交通的定义

在历经了大发展的数十年后，人们已体验到在现代化过程中因资源浪费、环境污染等问题对人类生存所造成的威胁。这种威胁所给予我们的教训是，人虽是万物之灵，但非万物之主，人必须在自然环境所提供的时空框架内发展社会与经济，同时依照自然资源所赋予的条件安排自己的生活方式。因此，我们需要重新界定人与城市交通的关系，将人体现在城市交通中，城市交通要创造良好的环境供人使用，考虑人与城市交通的时空关联，处处体现对人的全方位关爱。

人性化城市交通研究涉及城市交通建设的目的性问题。纵观城市交通发展史，我们不难看出，城市交通是人的造物，却并不都是把人放在第一位。从人性化的观点出发，在城市交通建设观念中真正将"人"摆在第一位，这种发展过程是和人类社会发展过程相统一的，"对人的关注"是一个观念上的渐进的发展过程。

通过对相关资料的查阅，目前还没有查到对"人性化城市交通"给出明确定义的文献。有的学者对人性化的城市交通提出了很好的见地，认为一个人性化的城市交通体系要充分体现以人为本的指导思想；应当承认各阶层公民具有平等地享受交通服务的权利；在社会利益公平分配原则下满足如下要求：一是具有满意的公交服务，能吸引更多的市民乘用公交；二是具有布局合理的骨架道路网和停车设施，满足适度的汽车化要求；三是具有安全优质的自行车和步行系统，满足市民购物休闲、老幼病残和低收入者的出行需求；四是具有宁静清洁、安全舒适的道路交通环境，与现代化文明城市相适应。但是，这只是场景的描述，没有揭示人性化城市交通的本质要求。

人性化城市交通从本质上来讲应当"以人为本"，是以人的基本生活、心理、行为和文化需要为出发点的城市交通，是生活场景的再塑造。人性化城市交通强调城市交通不仅要满足人的主观需求，还要满足人的客观需求，如对安全的需求、对环境的要求和对审美的需求等。总的来说，人性化城市交通，是以人为中心，以维护人的生存和发展的权利为准则，以人幸福的身心生活与城市交通发展的和谐统一为尺度，以提高交通参与者的满足感和满意度为目标的城市交通建设和发展过程。也可以说，人性化城市交通，是使人们在城市中以最小的时间和经济成本、最低的身心消耗、最愉快的参与方式去达到他们的出行目标的交通状态。

如果某一个城市的城市交通同时满足以下三个方面的要求，则可以理解为它是人性化的城市交通。

（一）方便、快速适于人

城市中的各类交通首先应满足人们出行时足够的方便、足够的快速。相应的，应该有与人们的综合感受相适应的交通运输系统，如人们出行有较少而方便的换乘，有随时提供的交通运行动态的信息，有及时、迅速、周到、经济的出行保障服务，处处体现人性关怀。

（二）安全、舒适愉悦人

城市交通要确保行车安全，环境舒适。城市交通要在通过其自在的物理性能与人发生关联的同时，对人的心理产生积极的影响，促进人的心理健康。城市交通中的使用者对交通的整体感受应是积极向上、令人愉悦的，这样才会感到作为交通参与者的快乐，工作效率才会最佳，生活质量也随之提高。

（三）和谐、满足鼓舞人

这是与人的群体意识有关的社会属性问题，体现出城市交通的内在品格与人的精神感受之间的关联。要坚持人与自然相和谐的关系，和谐的交通环境，能提高人们的满足感，鼓舞人的向上精神。

二、人性化城市交通发展的思想基础

(一) 人性价值观的历史发展

要对人性化城市交通做深入探讨，需要对人性及人性化的思想进行分析。人性问题是困扰人类社会的重大现实问题，当然也是困扰现代学界的重大理论问题。什么是人性？有没有共同人性？人性是善是恶？如何用人性来解释善恶并存、诡谲多变的世界？如何使人性不断健康化、丰富化？这些问题也就是人性论要探讨的问题。

1. 中国历史上人性思想的发展。人性问题是中国哲学史、伦理思想史上一个重要的问题。原始社会的图腾崇拜，就已暗含着对人性的某种猜测。从春秋战国时期开始，历代的思想家们对"人性"问题众说纷纭，争论不休。

春秋时，孔子提出了"性相近也，习相远也"的命题，从理论上涉及人性问题，认为"仁者爱人"，试图用道德说教来协调社会矛盾。到了战国时期，出现了人性善恶的论战。老子认为人性即为本能，"生之谓性"，"食色性也"，即人性是人天生就有的本能，无所谓善恶。孟子则认为如果"生之谓性"能够成立，则人性、狗性、牛性就没有什么不同；他提出性善论，认为人性是人人共有的仁、义、礼、智这四种根本善性，人生而具有仁心和善性，因而人性善，这就是"人之所以异于禽兽"的根本原因；人性之中皆有向善的萌芽，需要加以扩充，善性才能达到完全实现；若失其本心而顺于情欲，大体不养而小体先立，则会成为小人。孟子主张对平民百姓要施加道德教化，使其意识到自己的善良本性，提高他们的自觉性。孟子提出性善说的最终目的是要求国家执政者在仁心的基础上建立仁政，国家领导人先成为仁人君子，然后将仁德施之于平民百姓，实行富民、惠民、爱民、教民的政治。孟子性善说后来成为中国人性论史中的主流，深刻影响了佛教和道教，为大多数中国人所接受。

荀子提出性恶论，认为人性有趋恶的倾向，而辞让、忠信、礼义等道德行为是后天教化的结果，不能自发形成，故曰："人之性善，其善者伪也。"他认为，人的善性是统治者正确管理的结果，如果放纵人的本能欲求，人本性中的"恶"就会突出出来。他主张对百姓要教育引导、控制监督、变恶为善。西汉扬雄在孟子和荀子的基础上提出的人性"善恶混杂说"更接近现实生活，没有将人性单一化和凝固化，认为人性天生就是善恶混杂的，看后天往哪里修养，如果加强善的自我修养，就扬善除恶；如果加强恶的自我修养，就会朝坏的方向发展。

宋明理学家张载、程颢、程颐、朱熹等学者，提出人性二元论，认为人性包含"天地之性"和"气质之性"；前者是人性之天理，故纯善，后者是人性之现实，禀气而成，故有善有恶。清代王夫之认为人性就是人类生活必须遵循的规律，是后天学习而成的；他反对把人性说成是与生俱来、一成不变，认为人性是在后天环境中逐渐养成的，因而是可以改变的；人性的形成离不开"饮食起居，见闻言动"等日常生活，离不开生理条件。

综上所述，中国历史上的人性论已经接触到人性中的生物属性、道德意识、才知能力和情感因素，强调人性应当去恶扬善，通过教育和修身不断向高层次发展，对当今新的更高水平的人性学说的建立具有重要的借鉴作用。

2. 西方历史上人性思想的发展。在西方哲学史和伦理思想史上，早在古希腊便产生了斯多噶派的代表人物芝诺《论人的本质》的专著，苏格拉底曾把人定义为理性的动物，亚里士多德则认为人是政治动物。在中世纪，宗教神学用神性代替人性，完全否定了人的独立价值。

起源于文艺复兴时期的近代资产阶级人性论，赞美人以及人的冲动、情感、思想和事业，为人的价值欢呼；反对神学宿命论，宣传人的个性解放；反对神性对人性的压抑和摧残，特别强调人的感性欲望，以人的感性欲望为人性。马丁·路德的宗教改革，否定了教会的权威，认为每个人都可以凭借自己的信仰与上帝直接取得联系，他虽然没有否定上帝，但他把信仰的权力交给每个人，在精神上抬高了人的地位。

18世纪法国的唯物主义者，适应即将来临的资产阶级革命的需要，彻底否定宗教神学，阐发了资产阶级人性论和人道主义观点。他们提高人的地位，否定神性，认为人的理性是世界的主宰，人的幸福是一切社会活动的目的，人的自由和平等是人间的正义，人有各种欲望并理应得到各种享受权利。费尔巴哈以前的德国哲学，在思想观念上恢复了"人"在哲学中的地位。康德主张一种理性主义的人性论，认为"人自身实在有个使他与万物有别的能力，这个能力就是理性"。黑格尔把人理解为"社会的人",提出了"人的本质就是劳动"的思想。费尔巴哈强调人的自然本性,创立了人本学唯物主义,认为只有人性的东西才是有理性的东西,人乃是理性的尺度。

综上所述,在西方思想史上,所谓人性的含义,不外乎是人的天生的自然本性,即人的感性和感性的欲求,或者人性就是人的理性,或者人性既是人的感性,又是人的理性,并主要是理性。这种种看法与中国古代贤人关于人性的诸种见解相类似。

3. 马克思主义的科学人性思想。在人类认识自身的过程中,马克思主义第一次达到了科学的水平。马克思主义认为,人性的含义包括以下三个方面:

(1) 人性是对自由的渴望。人作为有生命的自然存在物,先天就是不自由的,但人具有主观能动性,是有意识的存在物,人的全部生命生活都是为了挣脱自然和社会对自己的压迫,争得思想和行动的自由。

(2) 人性是对需要和欲望的追求。对外界对象的需要是人的生命活动的基本前提,满足这种需要是人的不可压抑的本性,一个社会是否合乎人性,主要看它在多大程度上满足了人的需要,给人提供了多少自由。

(3) 人性是对兽性的克服和否定。人在实现自由和需要的时候,不可不择手段,在处理人与人之间的关系时,要表现出优秀的品格和高尚的特性,这是由于在人的社会生活实践过程中,协调社会关系是使人类得以生存和延续的需要而决定的,人与动物之不同,就在于人克服或抑制了动物的兽性,把"饮食男女"等动物所固有的本能置于理性的支配之下,纳入了人们的行为规范,由此就形成了与兽性相对立的人性。

(二) 人性化管理思想

1. 基于人性假设的管理思想的演化。"人性假设"是正确认识人性化管理思想的关键问题。人性假设不仅决定着管理思想的形成和发展,而且还影响着人类的管理实践活动。在管理思想史上,就如人及其构成的社会在不停地演变一样,对人性假设的研究也是在不断变化着,是一个由简单到复杂的不断深化的过程,经历了由"经济人"、"社会人"、"自我实现人"向"复杂人"的转变,而人本管理在组织管理中的作用越来越突出。

(1) "经济人"假设。20世纪以前,人类对组织的管理基本上属于经验管理时期。随着组织经营方式和体制的转变,工厂制度的出现,经验管理已经不能满足管理的需要,建立在"经济人"假设基础上的泰罗"科学管理理论"应运而生。

"经济人"假设认为,人的本质特征是有理性并且是追求自身利益最大化的人,对其自身利益最大化的追求是驱动人们参与经济活动的内在动力。因此,"经济人"假设引发出来的管理方法是:必须对人实施严格的外部监督和运用物质刺激手段。靠物质刺激来调动人,把金钱作为主要激励手段,把制度惩罚作为有效的控制力量,程序化和规范化是其提高效率的主要手段。这种管理思想把重点放在物的因素上,重视生产任务的完成,其弊端是显而易见的,正如日本著名的索尼公司创始人盛田昭夫在《经营之神》中所言:"机械中心主义的理论体系,恰好蕴藏着一个最大的危险,那就是失落了人。"

(2)"社会人"假设。随着经济社会的发展,人们认识到,人不是简单的工具,而是具有复杂个性的人。20世纪30年代,美国教授梅奥依据其进行的霍桑实验提出了"社会人"假设,并因此创立了人际关系学说。他认为除了对经济利益的需求外,人们对社会和心理方面的需求也很重要,因而否定了"经济人"假设,提出了"社会人"假设。"社会人"假设认为,人不是被动的机器,不是孤立的个体,而是复杂的社会系统的成员,物质利益对调动人的工作积极性只起次要作用,群体影响和人际关系则是决定性的因素,人的社会需要和自我实现需要是其工作积极性的根本动力。该理论认为管理的重点应放在关心人、满足人的需求上,管理者不应只注意组织、计划和控制等方面,更应重视被管理者间的人际关系,培养被管理者的归属感和责任感。"社会人"假设和人际关系学说的创立,在管理史上第一次明确了人在管理中的重要地位,向人性化管理迈进了一步。

(3)需要层次理论。20世纪40年代,一些管理学家和心理学家注重对人的行为进行研究,他们认识到组织中人的行为决定了组织的生产效率。马斯洛1943年在《人的动机理论》中提出了需要层次理论。他指出,只有当较低层次的需要得到满足后,较高层次的需要才显示其激励作用,随着经济的发展,人们物质生活水平的提高,人的需求不再单单是为了追求金钱和社会地位,而是想展现自己的才干,发挥自己的潜力,实现自我价值,于是马斯洛就提出"自我实现人"这一理论。相应的管理理论也发生变化，管理重点由人的因素转移到工作环境，强调创造适宜的工作环境以利于个人潜能的发挥，激励被管理者在工作中获得成就，发挥被管理者的潜能，将被管理者自我价值的实现和组织目标的完成结合起来。这种更高层次上的人性化关怀使人性化管理趋向成熟。

（4）"复杂人"假设。到了20世纪60年代，史克思等人就认为，组织正确认识人性概念非常重要，人是生产的重要因素，不能把他们看成物，也不能单纯地当做经济理性的、或社会的、或自我实现的人，而是随不同情况变化的"复杂人"。"复杂人"假设认为，人的需要是多种多样的，并且随着人的发展和工作条件的改变而不断变化，每个人的需要各不相同，需要的层次也因人而异，不存在对任何时代、任何组织和任何人都普遍适用的管理模式。个人的动机与组织经验是交互作用的，个人的动机模式是受各方面因素影响和制约的，人们对不同的管理方式会做出不同的反应。管理上要求根据具体的人的不同情况，灵活地采取不同的管理措施，这种因人、因事而异的管理理念促成了组织管理采取以人为本的组织文化方式，创新形式的人性化管理措施应运而生。其主张协调组织目标和个人目标，激发人的内在动力，促进人们自觉地发挥出力量来达到组织目标。这种思想构成了人性化管理的重要观点。

每一种人性假设理论都带有明显的时代痕迹，人性定位的演变，表明了人们在人性认识上的进步，并进而带来了管理思想的进步。

2. 人性化管理思想的内涵。人性化管理作为一种新的管理思想，早在20世纪中叶就引起了人们的高度重视，许多管理者不仅已经将其付诸实施，而且较好地解决了人性化管理与制度化管理之间的矛盾与冲突，取得了良好的实践效果。

人性化管理的思想其实最早可追溯到泰罗在20世纪初提出的科学管理理论。尽管泰罗的理论是建立在"经济人"假设的基础上应运而生的，但按照泰罗的解释，工人、管理人员和工厂主的利益是可以协调一致的，提高企业的工作效率不仅要明确规定各个方面的工作标准和责任，而且要通过培训和规范化的训练使各个方面掌握和适应这些标准和责任。泰罗的管理思想中始终贯穿着一种人性化的主旋律，其科学管理思想的背后已经孕育出人性化管理的最初萌芽。

人性化管理方法自20世纪90年代开始受到整个世界的关注，并在广泛的范围内得到应用,它具有三层基本含义:一是对人在社会组织中的主体作用与地位的肯定,强调人是事业之本,人是组织目标能否实现的根本因素。二是对人的个性价值、人的独立人格和人的平等的尊重与塑造。三是要求对人的生存和发展的命运确立起终极关怀,树立人的自主意识并同时承担责任。有的专家则更加明确地提出,现代管理的核心是使人性得到最完美的发展。

依照传统的管理哲学,管理行为方式是"两者择一",即要么是,要么不是;或做,或不做;而居中是不可理解的。人性化管理理论则不认为"真理在两者之一",而是通过合理管理,力求和谐和统一。

人性化管理当中所说的"人性"是从整体的、系统的人性假设出发的。概括有关方面的研究,我们可以将"人性"的假设简洁地表达为四个方面:一是本性假设。即人具有惰性、趋利避害等本性,本性难移,但可以顺其自然,引导利用。二是习惯假设。即人能够适应环境,在塑造机制下形成行为习惯,习惯左右着人的许多行为。三是习俗假设。即人不仅依靠本性生存,而且依靠人类群体共同的习俗、文化求生存,文化也左右着人的另一部分行为。四是创新假设。即人和人的群体都是组织系统,都能创新演化,具有创造力,能够适时改变自己的习惯和习俗以适应外界环境。

从这些基本的假设出发所设定的人性化管理方式,一是尊重人的本性,顺其自然加以引导;二是塑造人的行为,利用习惯进行管理;三是营造管理文化,利用文化规范行为;四是注重人的创造力,利用创新推动发展。可见,人性化管理是把人看做是现实的人或社会的人,强调关注人的社会差异和个性差异,强调合理地尊重个人权利并给予人性化的思考和关怀,强调对现实社会中的一切违背人性发展的、不尊重人的现象进行反思和超越并关注情感因素对调动一切人的积极性和创造性的特殊意义。同时,人性化管理虽然包含了重视人性、顺其自然的重要思想,但并非是一种为所欲为的自由主义,而是一个融于一定目标和使命中的有组织的群体行为。人性化管理强调尊重人的价值和尊严,并采用一种人性化的制度来要求每一个人。

(三) 城市交通发展思想的回顾

城市的形成与演变取决于交通,城市的发展又促进了交通。城市交通系统的功能是为居民的出行活动提供必要的条件，将居民的各种出行活动有机地联系在一起。

1. 古代城市道路系统。我国有着悠久的历史，古代城市发展总的特点，是与中国奴隶社会及封建社会整个时期中社会经济的特点分不开的，城市主要是封建社会型的城市。城市中至高无上的权威是封建统治阶级，因此，与儒家思想相结合的封建礼制和等级观念支配着城市规划思想及城市交通的规划发展。

我国远在周代时就有了明确的城市道路系统和道路网规划。周王城的道路横断面是历史上最早形成的车走中央、行人走两旁的具有人车分离功能的横断面，道路网呈方格网布局，道路分五级，不同的道路有明确的路幅宽度，道路功能划分明确。周王城的主要道路有九轨宽，为三条并列的道路，这种城市道路系统规划模式一直沿用到近代，是我国城市道路网布局的典型图式之一。汉长安城宣平门、霸城门内大街均为三条道路并列，中间的路较宽，皇帝用的路为御路。这些都反映了要突出帝王的权威及安全防范的作用。

到了隋唐时，城市道路网规划建设明显突出了道路系统的功能，道路两边是封闭的坊里，有城墙、坊门，只有三品以上的官吏的府第门口可以直接面向城市道路。道路幅度很宽，中轴线的主干道路幅多在 150 米以上，其他干道的路幅也多在 100 米以上。道路分为御用干道、全市性的主要交通干道、一般坊里的城市道路和坊内小路四种，与现代所采用的城市快速干道、主干道、次干道及支路的划分基本相同。

到了北宋时，东京汴梁的城市道路系统在方格网的基础上，结合地理条件出现了丁字交叉和斜交，成为非严整的方格网；城市出现了商业街道，道路开始具有生活性，成为居民的生活中心；城市水系与道路网相结合，出现了对外交通枢纽。东京汴梁的城市交通系统布局对以后的都城如明清时代的北京有很大的影响。

2. 近现代城市交通系统。16 世纪，西方资本主义的诞生与发展促进了城市及其道路交通的发展。为了克服城市交通的混乱状况，城市的建设者力图对城市进行改造，并进行探索，不断产生新的道路网规划思想，如邻里单位规划理论、有机疏散理论、卫星城—新城理论等。这些道路交通规划思想对我国近代城市的发展也产生了显著影响，而长期的道路网规划实践为城市交通规划的诞生做了准备。

我国在鸦片战争以后发展起来的城市及开拓的道路系统与封建时期形成的城市与道路系统明显不同，由于开辟商埠及民族工商业的发展，铁路、汽车的出现以及国外城市的影响，城市布局和道路系统发生了巨大的变化。

古代的城市交通规划，主要是道路网络系统的布局与规划。历史上形成的道路系统不外乎四种形式：方格式路网、放射环形式路网、自由式路网及混合式路网。新中国成立以后，全国建立了不少城市，一些旧城市也在原有的基础上扩建发展。新中国成立初期，城市布局与道路网规划比较注重轴线、放射线，追求干道网的平面对称性，对干道的系统性、功能划分考虑得不多。

第二次世界大战以后，随着世界经济的迅猛发展，城市机动车、非机动车的拥有量急剧增加，城市交通拥挤现象日趋严重。为了解决日益恶化的城市交通问题，城市地铁、高架路、快速轻轨等现代化交通设施相继出现，城市交通规划已不再局限于单纯的城市平面道路网络系统的布局，而是着眼于各种交通形式的综合规划，并与城市土地利用规划同步进行，相互作用，彼此协调。20世纪50年代，随着芝加哥交通规划研究的开始，真正意义上的城市交通规划诞生了。1962年完成的《芝加哥地区交通研究》突破了以往交通规划等同于道路网规划的局面，揭开了城市交通规划崭新的一页。

20世纪60年代，随着欧美发达国家私人小汽车的迅猛发展，公共交通受到致命打击，城市交通陷于混乱状态。这一时期，城市交通规划开始与土地利用相结合，针对日益严重的交通拥挤问题，重点研究了城市常规公交的规划技术、公交优先通行技术以及轨道交通规划技术。

20世纪70年代的城市交通规划在土地利用、人口及就业分析基础上进行交通需求预测，提出城市交通规划应由城市交通发展政策、动态交通、静态交通、公共交通、行人交通及规划的实施与滚动等组成，以人为本的思想初露端倪。同时，计算机技术的迅速发展提高了数据处理及分析预测的速度。

20世纪80年代开始，针对大城市普遍出现的交通紧张状况，城市交通规划改变了以往就交通论交通的局面，从分析城市交通系统间相互联系与内在影响因素入手，明确问题的症结，进而提出城市交通发展战略目标、规划方案与政策建议，明确提出大城市中必须把公交放在首位，交通规划和建设不仅是为了解决交通问题，也是完善和发展城市功能的必要手段。

20世纪90年代的城市交通规划，在以往城市交通规划研究与实践的基础上，明确了"交通系统调查—现状分析诊断—交通发展战略研究—交通需求预测—交通专项规划"的城市交通规划工作程序，城市交通规划过程与主要研究内容逐步清晰。交通规划新理论、新技术的研究和探索不断深入，出现了需求与供给平衡、网络效率、交通组织、交通控制与管理等全过程的协调和优化的思想。

现代真正意义上的城市交通规划诞生后，半个世纪以来，规划理论和技术的实用性不断地在实践中得到锤炼，在规划模式、预测模型、交通结构、网络分析技术以及计算机应用技术等方面表现得更为突出。

3. 关于传统城市交通发展理论的分析。经过半个世纪的发展，城市交通规划已经形成了一套比较系统的理论与方法。经过多年建设，我国大多数城市基本上建成了初具规模的城市道路网及相应的交通配套设施。但是，城市交通问题是城市规划问题，并不完全是一个封闭的技术问题，在传统城市交通规划理论指导下建设的城市交通系统，并没有实现人们的初衷——安全、高效、经济、舒适，却普遍出现了城市道路交通拥挤、不可再生资源消耗严重及交通污染严重等现象，城市交通问题日趋严重，在大城市尤为突出。根据对传统交通规划理论及典型工程实践中所反映出的规划目标、原则、内容、方法、手段和规划成果的分析，结合当前城市交通发展现状分析，可以认为传统的城市交通规划理论在新形势下已经暴露出了不足，主要表现在以下六个方面：

（1）没有真正体现以人为本。产生城市交通的根源是人或货物的移动，但在传统的规划中，人们更注重机动车交通。如果从以人为本的观点出发，对行人交通和自行车交通理应给予充分的重视，规划中不应只体现汽车使用者的舒适和方便。

（2）在规划中缺乏群众的观点。城市交通问题涉及各个部门、各个行业，关系到全体市民的工作、生活、学习和生命安全，关系到整个城市的生产、流通、分配和消费等各个环节能否正常实现，关系到工业、商业、贸易、科技、文教和医药卫生等各方面事业的发展。因此，规划工作是一项集体工作，需要不同行业的专家参加，同时还应广泛听取群众的意见和建议，即让群众参加规划。但是，在我国这方面还很欠缺。规划方案如果损害到群众的切身利益，就不能算是成功的规划。澳大利亚有关部门在进行公共交通规划时采用了一项看法调查，这种调查可以帮助规划者将群众对于不同土地使用和不同交通政策的看法反映到交通规划中去。在英国，公众参与制定城市规划过程是一项法定规定。在以后的规划过程中，我国也应该采取类似的调查。

（3）规划目标单一。传统的城市交通规划满足不断提高的交通需求，是面向交通需求的规划，没有引入交通发展与土地利用之间的联系，其典型的表征是将城市道路建设作为交通规划的核心目标，在规划研究过程中注重交通设施的数量而对系统功能重视程度不够，对资源—环境—交通需求之间的关系研究不够。

（4）评价指标体系不完善。传统的城市交通管理规划的评价体系非常复杂且没有统一。它们主要由技术评价指标和经济评价指标组成，技术评价指标主要回答"交通系统满足交通需求程度如何，服务水平如何"等类似的问题；经济评价指标主要回答"经济上的合理性如何"等问题。由于缺乏能源消耗、环境影响评价的规范化评价方法，无法对规划方案的社会、环境影响进行评价。

（5）缺少对规划实施保障的研究。城市交通规划的实施都离不开一定的保障，这些保障来自机构、政策法规、资金、管理及技术等多方面。目前的城市交通规划对方案分析多，对规划的必要性分析多，对如何保障规划的实施研究少，对规划实施的外部环境分析少。

（6）缺乏规范化的能源消耗、环境影响分析。城市交通系统能源消耗的水平及其相应的改进措施、交通污染物的排放量多少、对城市居民生活的影响、如何减少污染物的排放等一系列问题在传统的城市交通规划过程中没有涉及，成果中没有体现，对能源消耗和环境影响的控制也没有真正列入规划目标体系。近些年来，交通界已经开始注意这一问题，对能源消耗、环境影响分析与评价开展了研究，并取得了一些相应的成果，但尚未满足应用于城市交通规划的规范化要求。

总之，交通规划要摈弃教条，力戒无关痛痒的固化模式，开拓我们的思路，为每个城市提出创新性的规划策略。

（四）城市交通与城市发展

1. 城市交通在城市发展中的重要作用。随着改革开放的不断深入，我国城市化进程逐步加快，这是人类文明的产物，也是人类社会进步和发展的产物。在城市化过程中，各地城镇数量和人口逐步增加，乡村居民点和农业人口相对减少；城镇的形态和分布，由一个个相对独立的状况，转化为互相联系、日益密切的状况；人们的物质生活和精神生活方式也逐步城市化。据统计，我国城市数量和规模增加，城市发展的质量不断提高。1978~2004年，我国城镇化水平由17.9%提高到41.8%，城镇人口从1.7亿增加到5.4亿；全国城市总数由193个增加到661个。在城市数量增加的同时，城市规模不断扩大。1978~2003年，100万人以上的特大城市从13个增加到49个，20万人以下的小城市数量从115个发展到320个。这些资料表明，我国的城市化进程已经进入到加速发展阶段。

城市发展离不开城市交通。广义的城市交通，是指城市范围内的交通，或称为城市各种用地之间人和物的流动。这种流动都是以城市中的某一地点为出发点，以城市中的另一地点为终点进行的。通常意义上的城市交通，则是指城市道路上的交通，主要分为货运交通和客运交通两大部分。城市的发展史表明，城市的形成和演变取决于交通，城市的发展又促进了交通。城市交通在城市发展与城市化进程中起到了极其重要的作用。

首先，城市交通是城市生存与发展的主动脉，是城市内外联系的通道，其道路、铁路、公路、水路、航空、通信等是城市经济发展的现实条件。城市的兴衰与城市交通的发展息息相关，两者相适应则城市兴，两者不相适应则城市衰。

其次，城市交通是城市化组合的纽带，是保证城市布局优化合理和科学完善的城市布局的框架。城市交通系统的设施水平直接表明了城市现代化水平。

同时，城市交通既影响市民的交通出行，又是影响市民全部生活的重要因素，城市交通的高效畅通将使城市的运转高速顺畅。

城市交通系统的不断发展和完善，将会大大缩短时空距离，扩大人们的活动范围。随着城市交通的发展，人们的生活圈不断扩大，就业圈、购物圈、娱乐圈也越来越大。同时，城市交通的规划和建设对土地利用和城市发展具有导向作用,将会改变城市结构和土地利用形态,使得城市中心区的过密人口向城市周围疏散,城市商业中心规模加大,土地利用的功能划分更加明确。

随着国民经济的高速发展和城市化进程的加快,我国机动车拥有量及道路交通量急剧增加,城市建设与城市交通基础设施、运输装备总量规模迅速扩大,质量水平大幅度提高,整体结构明显改善,各地基本形成颇具规模的现代化城市交通运输体系格局。

2. 城市交通目前存在的主要问题。我国城市交通建设的持续发展,使交通基础设施承载能力大大增强,极大地支持了城市社会经济的发展。但同时,国民经济高速发展带来城市和车辆的高速增加,使得道路交通设施少、轨道交通不足、交通管理及交通安全设施、车辆发展与道路发展不协调等矛盾日趋尖锐。由于机动化进程的加快,交通事业的发展也只是基本应付了交通的需求,并未能从根本上缓解不断加剧的供需矛盾,城市交通形势依然十分严峻。

(1) 城市交通拥挤日趋严重。随着改革开放的不断深入、国民经济的高速发展和城市化进程的加快,我国机动车拥有量及道路交通量急剧增加。尤其是在大城市,交通拥挤、堵塞以及由此导致的交通事故的增加,环境污染的加剧,是我国城市面临的极其严重的"城市病"之一,已经成为国民经济进一步发展的"瓶颈"问题。

交通拥挤的加剧,不仅会造成巨额的经济损失,而且如果发展严重甚至还会导致城市功能的瘫痪。交通拥挤的直接危险是使交通延误增大,行车速度降低,带来时间损失;低速行驶增加耗油量,导致燃料费用的增加,增加汽车尾气排污量,导致环境恶化。此外,交通拥挤使交通事故增多,交通事故的发生又使交通阻塞加剧,形成恶性循环。据美国得克萨斯州运输研究所对美国39个主要城市的研究表明,美国每年因交通阻塞造成的经济损失约为410亿美元,12个最大城市每年损失超过10亿美元。日本东京每年因交通拥挤造成交通参与者的时间损失高达12.3万亿日元。我国的城市交通造成的损失同样惊人,仅北京市公交车乘客的时间损失一项,每年的经济损失高达792亿元人民币,用这笔钱可以建设100公里地铁。

(2) 城市发展与城市交通建设不协调。我国的城市中心区人口和就业岗位密度不断加大，根源在于赋予它的功能过多，功能叠加的程度在过去的十几年当中，不但没有缓解，而是进一步加剧和聚集，所以城市中心区出现摊大饼的发展态势。

我国的城市总体规划，一般对市区原则上实行分散集团式布局，同时在远郊发展卫星城，但是，这些年边缘集团和卫星城镇发展速度并不是很快，而且在发展过程中，由于种种原因，一些边缘集团和新城被赋予的功能又是比较单一的，功能不完善，人口跟产业的布局没有因为布局的调整发生实质性的改变，所以就决定了难以摆脱其对市区中心的依赖。

(3) 城市交通与资源环境矛盾突出。随着我国城市化和机动化的发展，城市交通体系越来越多地需要占用大量的土地，消耗大量的化石类燃料，产生大量的环境污染和生态负效应；而我国现有的资源（包括土地资源）储量和能源结构，以及基于城市发展模式和可持续发展进程的环境容量限制对于城市交通的发展也有着各方面的制约作用。这种城市交通与资源环境相互影响主要体现在以下三个方面。

其一是城市交通用地受到现实制约。从世界各机动化交通发达国家的城市交通用地分析可知，2003年我国城市人均道路面积为9.34平方米，与国外一般发达国家20~40平方米相比，仅为1/4~1/2。我国城市道路面积率平均为8.59%，而国际上这一比例较高的城市如华盛顿为43%、纽约为35%，比例适中的城市如伦敦为25%、巴黎为23%，比例偏低的城市如东京为13%。国际上通常道路面积率不应低于20%，我国仍在执行《城市用地分类与规划建设用地（GBJ137-90)》规定的城市道路面积率为8%~15%，属较低水平。但是，提高我国城市的道路面积率将会受到一定的制约。

首先，我国国土面积有限，人均国土面积仅为14.4顷，与世界水平相比，是少地国家。我国的可耕地更少，据国土资源部公布，2005年我国人均耕地只有1.4亩。显然，像我国这样一个有13亿人口的大国，要解决吃饭问题，在城市化进程中，难以采用北美一些城市低密度发展的策略，我国的城市模式只可能是紧凑型。

其次，由于我国是一个历史悠久的国家，城市创建的年代久远，往往采用同心圆式的紧凑型城市结构，城市道路面积率的增加也往往集中于同心圆的外围，形成同心圆式的向外辐射，这种结构限制了城市交通对土地的开发和利用,而供求矛盾的焦点仍在城市中心。据调查,北京市区,客车出行量的42.6%、货车出行量的13.5%是以城区中心为起讫点的,且城区道路建设往往与旧城改造项目同步进行,难度很大。所以,希望近期大幅度提高城市交通用地率是不切实际的。

其二是城市交通大量消耗日趋紧张的石油资源。我国经济的快速发展,城市规模的迅速扩大,城市人口的急剧增加,极大地刺激了人们对交通设施的需求,交通运输业对土地、交通工具的占用迅速提升,一次性能源的消耗增长迅猛。但是,由于人口多,资源有限,我国人均资源占有量远低于世界平均水平,资源的供给能力后劲严重不足。同时,我国自然资源的存储也存在很多不足,空间分布不均衡,质量差别大,劣质资源比例比较高。如我国的能源结构就不合理,一次性能源多为中低效率、高污染的煤,占75%,而高效率、低污染的石油、天然气仅占20%左右,无污染的水力资源仅占5%,核能利用水平低,离多元化的能源结构相距甚远。我国资源消耗的高速度、高强度、低效率、低后备必然会在不久的将来激化供求的矛盾,对生态环境的可持续性、经济增长和交通发展的可持续性均造成不良的影响,严重制约我国交通运输业的发展。

其三是城市交通成为我国城市的主要污染源。由于我国经济的高速发展和城市化、机动化进程的加快,我国城市的环境和生态状况质量下降情况相当严重。在世界十大污染城市中,我国就占了4个,分别是北京、上海、广州、沈阳。在环境污染中比较严重的是大气污染和噪声污染。我国城市目前的机动车水平、密度虽然较低,即使北京、上海等机动化程度较高的城市的汽车密度也远远低于世界上的一些发达城市,但由于车型、燃料、维护不善、交通拥堵等原因,使单车尾气和噪声污染高于国外汽车,加上油改气以及燃料电池汽车的应用和普及率较低等因素,使得我国城市交通污染在整个城市污染排放中的分担率相当高。目前,我国城市大气污染物主要有悬浮颗粒物、二氧化硫(SO_2)、NO_X、一氧化碳(CO)等气体,城市交通是这些污染的主要排放源。城市交通引起的噪声污染也相当严重。2005年,国家环保总局重点监控的47个城市共监测道路长度7153.2公里,其中2034.5公里路段等效声级超过70分贝,占监测路段总长度的28.4%。在城市噪声污染源中,交通噪声的污染分担率为30.2%。城市交通对城市生态环境也产生了一定的负面影响。城市生态环境是城市生存和持续发展的前提和基础，但是，由于城市交通发展占用有限的土地资源、交通环境污染破坏比较脆弱的生态环境，城市绿地面积下降，有效耕地减少，可用水源减少，生态保护区被分割和破坏，从而使人们的生存环境质量下降，城市灾害发生频率上升，严重影响了城市的可持续发展。

(4) 城市交通结构不合理。根据对国内不同规模城市的居民出行调查资料分析，城市交通结构不合理是普遍现象。在全部出行方式中，步行约占1/3；公交出行比例低，许多城市的公交出行比例在10%以下，公交出行比例能达到20%的城市屈指可数；自行车出行约占"半壁江山"，其他机动车出行约为10%左右。在各种出行方式中，不同方式对道路空间的要求是不同的。公交、自行车、非公交机动车三种主要出行方式人均占用道路面积分别为1平方米、3~4平方米、10~15平方米，道路利用率较低的自行车是承担出行的主体。部分城市经过努力公交出行比例有明显提高，如南京等，但总体情况不容乐观。

公共汽车交通的萎缩，加速了自行车的极度膨胀，反过来又影响城市交通拥挤的波及范围。至今，我国城市公共交通几乎还全靠公共汽车一种方式，只有少数中心城市建有地铁线路，尚未形成以轨道交通为骨干的综合运输客运体系。出租汽车和小公共汽车容纳量有限，因此，一旦单一的公共汽车受到冲击，被转移出来的乘客便要寻找出路，最有吸引力的是自行车。结果使自行车更趋于饱和，从而进一步加剧了城市交通结构的不合理。

(5) 城市交通规划缺乏整体性和系统性。城市交通规划的目标是解决城市交通问题、满足不断提高的交通需求，是面向交通需求的规划。以往规划研究过程中注重交通设施的数量而对系统功能重视程度不够，造成规划目标单一。

城市交通建设是一项系统工程，是一项决策性很强的工作。当前出现的问题是缺乏科学的整体交通战略和规划思想。有一些城市热衷于建设高标准的大型交通工程，出现了许多立交桥、高架路和城市环路，以为只有高标准的大型交通工程，才能解决交通问题，实际上这种办法只能缓和暂时矛盾，拥挤问题非但不能解决，反而诱发聚集更多的交通量，引起结构性的"负效应"。

2003年前，广州城市定位不清，规划建设一会儿东扩，一会儿南拓，缺乏延续性；城市先有建设，后补规划；地面公路拥堵，地下铁路未满；地铁的"门面"作用大于实际用途。这些现象都是广州"城市病"特有的一些症状。专家指出，路网难以形成、交通阻塞，其实质是城市规划、土地批出失误的问题，从而引发的"城市病"。起初，由于大量地建立交桥，广州市的交通得到了很大的改善。但不久，拥堵现象又大量出现。广州当年城市规划时的发展思路是东扩，第一条地铁线路就通过新建的火车东站，而不是按照国际惯例着眼于解决城市中交通流量最大的城区人口的流通，因此没有形成修一条线路、客满一条线路、有效地疏导客流的效益。广州地铁一号线和二号线建成后，客流量一直不满，这就是典型的城市扩张太快，而且发展方向不断变化，使得地铁形不成网络，无法取得较好的效益。

（6）城市交通管埋技术水平低下。我国大城市中城市交通控制管理和安全管理的现代化设施很少，距现代化的要求还很远。就北京与东京比较，两市都有一个交通管制中心，但是，北京交通控制中心控制的交叉口数只有东京的3%，人行天桥数是东京的4.8%，地下人行道数只有东京的5%，每公里交通标志数只有东京的25%。北京在全国城市中交通管理设施算是最好的，其他城市更可见一斑。由于现代化设施明显不足，管理疏漏不少，交通事故率居高不下。北京近年来的交通事故、死亡人数一直在每年500人左右，万车交通事故死亡率约6人，而日本东京为1.9人，美国和澳大利亚为2.6人，英国为2.7人。从停车场看，大中城市特别是中心区严重短缺停车设施，车辆大都停在道路和人行道上，加剧了拥挤阻塞和事故发生。

当前，在国际上正在研究并开始使用的信息化、智能化管理系统，在我国基本上还是空白。交通信息的采集手段仍然以第一代的手工采集为主，耗时、耗力，随着信息技术不断发展而产生的新的信息采集技术没有在城市交通管理中得到广泛应用。

三、人性化城市交通发展的基本原理

（一）现代和谐社会要基于人性化

随着我国社会的发展，中共十六届四中、五中全会提出并强调了建设社会主义和谐社会的目标，六中全会通过了《关于构建社会主义和谐社会若干重大问题的决定》，这在我国全面建设小康社会的今天具有鲜明的时代意义。

自古以来人们都在追求和谐，但应该看到，传统的和谐社会思想把社会和谐目标的达成建立在了牺牲个人成功愿望、泯灭个体自主的创造性的基础之上，个人的不自由成为传统和谐社会的显著特征。在倡导个性解放和人的全面发展的当今时代，和谐社会必然被要求要尊重个人诉求，体现人文关怀，因此，现代的和谐社会应当是基于人性化的和谐社会。

"人性化"由"人性"加"化"构成，表示的是人们的实践活动向合乎人性要求的性质或状态的转变。根据人们对人性化问题多角度、多侧面的分析，可以这样认为：所谓人性化，就是以人为中心，依据人性发展的需要，以人性的和谐和全面发展为终极目标的一个发展过程。具体来说，人性化就是在人们的实践活动中，以维护人的权利为准则，以人性的要求为尺度，以服务于人为价值，以人的需要的满足、人性结构的优化、人性培育的全面为目的，尊重人的独立人格，发挥人的主体性和创造力，为人的自由和全面发展创造条件。

人性化理念是有着深刻的历史和现实基础的。欧洲的文艺复兴时期，资产阶级思想家把人道主义作为反对宗教神学精神枷锁的锐利武器，提倡关怀人、尊重人、以人为中心。18世纪的法国大革命，革命者明确提出了"自由、平等、博爱"的思想。唯物史观则进一步提出，人是历史的创造者，人类社会发展的目标是追求人的解放和人的全面发展。

人性化的基础是社会的不断进步和发展。正是社会经济、科学技术的不断发展使得人们有能力并开始关心自己身边的事物尤其是"人"自身，更多地理解、尊重"人"的利益、需求，尊重人，爱护人，尽量考虑每个人的利益。贫穷落后国家的人民在忍受饥饿的同时，也在毁坏人类自身的环境，并无从谈起关怀人类自身，也就无法谈及人性化。西方发达国家是在历经了300多年的发展之后，逐渐由对环境、对人类自身的摧残发展到现在对人类自身日益增强的关怀。我国经历了30年的高速发展，开始有能力、有实力关怀人类自身，关心环境问题、社会公平公正问题、社会保障问题，等等，关心诸多与"人"息息相关的问题。现在，人性化已经成为一种社会诉求，构建人性化的和谐社会成为人们的必然选择。

(二) 城市交通发展要与城市社会经济发展相适应

自有人类社会以来就有了交通。交通在现代经济、社会生活中越来越重要，不仅影响到经济发展、产业布局等宏观方面，推动着人类发展的进程，更是渗透到人们日常的微观生活，改变着人们的生活方式。"交通之一大好处，是它构成一个分配中心所在地的最基本、最重要的原因。甚至可以说，交通条件是这类中心形成的唯一原因。由于某个原因或者某些原因，有一个地点最便于周围多数人的聚拢，因而人们自然地选择这个地点来进行交换、贸易。"现代城市交通以四通八达的网络以及体现新技术的交通工具和道路设施有力地促进了城市经济的发展。

交通已经成为人类赖以生存和发展的基础条件之一。交通系统将社会生产、分配、交换和消费等各个环节有机地联系起来，有效地解决自然资源、劳动力、生产设施等生产要素相分离的矛盾，成为现代社会运行和发展的基础。城市交通不仅仅为人们带来了方便和高效率，还加快了政治、文化、经济、科技、物资等信息的传递，拓宽了视野，改变着人们的传统观念，特别是传统的时空观念。它不仅能促进社会经济的发展，同时还对人们的思想观念转变和素质的提高发挥了积极作用。在一个城市的发展进程中，要把潜在的发展可能性较为充分地开发出来，良好的交通条件往往能起到决定性的作用；相反，交通条件的落后往往阻滞这些潜在条件的发挥。

城市社会经济发展对城市交通发展也具有重要影响。城市交通对城市的社会经济发展产生直接的促进或限制性的影响，但其本身的发展有赖于城市社会经济系统的投入和需求。社会经济发展的不同阶段要求有不同形式的交通方式与之相适应，伴随着社会的不断进步，人们对交通也提出了越来越高的要求，成为城市交通不断前进的基础和动力。需求是一切实践活动的基础。当过多的出行时间消耗阻碍了社会经济发展的时候，就会促进公交运输工具的运载能力和运送速度的不断提高。蒸汽机、电动机的发展和科学技术的进步，推动着公交运输工具从马车向磁悬浮列车的不断更新。同样，随着社会经济的发展、人民生活水平的提高，出行的舒适度成为出行者不断追求的目标的时候，便捷舒适的公交运输工具将会登上历史舞台。

城市交通与城市社会经济生活诸要素可以形成一种相互促进的良性循

环和协调发展的关系，也可能出现相互妨碍的恶性循环和非协调发展的关系，城市交通发展只有与城市社会经济发展相适应，才能有效地实现城市交通的经济和社会功能。首先，城市交通发展要满足城市整体规划和利益的要求，从城市社会经济发展的全局考虑，使城市交通建设在城市经济建设中获得最佳的投入产出比，以最小的运输资源消耗获得最大的运输能力。其次，城市交通发展要满足现代市场经济更新和更高的要求，加强各种运输方式间的协调配合。再次，城市交通发展要与城市社会经济发展相协调，要以市场经济为导向，以可持续发展为前提，建立现代化的智能型综合交通体系。

（三）城市交通要实现可持续发展

在经历了20世纪六七十年代的"增长的极限"的大讨论之后，20世纪80年代，联合国正式提出了"可持续发展"的概念。可持续发展理论主题中有两个基本要点：一是强调人类在追求健康而富有生产成果的生活权利时，也应当坚持其与自然社会相和谐的关系，而不应当凭借人们手中的技术和投资采取耗竭资源、破坏生态和污染环境等方式，来追求这种发展权利的实现。二是强调当代人在创造和追求当今发展与消费的时候，应承认并努力做到使自己的机会与后代人机会相平等，不能允许当代人片面地、自私地追求自己的发展与消费，而毫不留情地剥夺后代人本应享有的同等的发展与消费的机会。

现代可持续发展问题的提出，源于人们对环境问题的逐步认识和热切关注，其产生的背景是人类赖以生存的环境和资源遭到越来越严重的破坏，人类不同程度地尝到了环境破坏的苦果。由于社会经济的高速发展，人们逐步认识到把经济社会与环境割裂开来，只顾牟取自身的、局部的、暂时的经济性，带来的只能是他人的、全局的、后代的不经济性甚至灾难。可持续发展具有明确的内涵和完整的结构，包含了当代与后代的需求、国家主权、国际公平、自然资源、生态承载力、环境和发展相结合等内容。

对于一个城市而言，经济和社会发展不能超越其资源和环境的承载能力，因此，城市的可持续发展是以自然资源为基础、同生态环境相协调的，它要求在严格控制人口增长、提高人口素质和保护环境、资源永续利用的条件下，保障社会经济可持续发展。而城市交通系统作为城市的一个子系统，是由人、车、路和环境四个环节构成的相互作用的统一体，它与城市居民赖以生存的生态环境具有相互渗透的关系，一方面，只有发达的城市交通运输系统，才能使经济网络化和市场化；另一方面，城市交通给资源、环境带来的压力（道路紧张、交通阻塞、排放废气等，造成交通服务质量的下降和环境的污染）已不容忽视，对城市经济也产生了一定的负面影响。因此，妥善解决上述问题，实现城市的可持续发展，也要求城市交通必须实现可持续发展。

对照可持续发展的战略，未来的城市交通的可持续发展的内涵、目标和模式应适应城市社会、经济和交通发展的阶段、特点和需要，使城市交通能够支持经济的持续快速增长、城市化进程的发展以及社会经济和生态环境协调发展。

根据对可持续发展战略的分析，从城市交通功能出发，城市交通的可持续发展，就是以先进的科学技术为基础，在资源合理利用、生态环境保护、构建和谐社会的指导思想下，提高交通系统利用率和服务水平，在经济合理地满足当前社会发展需求的同时，为整个社会的可持续发展提供保证。进一步讲，城市交通符合人性化的可持续发展是在促进交通系统建设与发展的同时，重视对城市生态环境的保护和资源的优化利用，并注重人们的满意程度；在重视交通系统建设的同时，重视交通设施利用效率的提高；交通系统在满足近期需求的同时，要符合城市社会经济生态环境复合系统可持续发展的整体要求，符合构建和谐社会的需要。

城市交通要走向可持续发展，首先，要在观念上摆脱以往发展观的束缚，改变发现问题的侧重点和解决问题的思维模式。可持续的发展观要求我们要全面综合地运用各种对策配套解决问题，要从城市交通的决策、规划、实施、美学、和谐等交通的生命过程来考虑问题，还要重新确立环境综合观、生态意识观，以及人与自然环境、城市交通发展的统一。城市交通规划要从社会整体上考虑可持续发展的基本要求，应将个人利益与社会利益、局部利益与整体利益相统一。可持续发展的观念应采用社会价值取向。人是社会整体的一员，肩负着人类社会共同发展的责任，每个人都应适应社会需求。

可持续发展的目标是长远发展。为此，要加强相关职能空间的有机融合，方便人们在有限时段内的多种需求，实现城市生活的一体化；要塑造整体的城市公共空间系统，将城市交通与城市生活统一协调，回归人与自然的和谐，让城市生活形成健康舒适且有内涵的区域特征，这样就可以实现城市交通的人性化目标。

四、人性化与城市交通

(一) 城市交通发展亟待人性化

随着国民经济的高速发展和城市化进程的加快，城市交通供需无论从数量还是从质量上均发生了质的变化。首先是城市交通设施出现了显著变化，表现为出行总量变大、出行距离变长、出行方式变多、出行质量提高等，城市交通发展也面临着重大转变。城市交通规划要适度超前，不仅要为适应城市发展的需要提供保障，而且要发挥交通的引导作用，积极促进城市发展战略目标的实现；由注重数量转向质量与数量并重，不仅满足市民的基本交通需求，而且要提供高质量、高水准的交通服务；由注重建设转向建设管理并举，不仅要加快交通建设，而且要提高综合管理水平，发挥交通设施的效能；由注重解决城市中心区交通转向市域交通，不仅要重视中心区交通的发展，更要全局统筹，内外结合，重视市域交通对外辐射和衔接，既优化市域范围内的交通资源配置，又形成与周边交通融会贯通的格局。

在城市交通系统中，无论交通工具如何升级与增加，交通设施如何现代化与大型化，其根本的目标是满足"人和物"的运输要求。交通服务质量的要求将随着时代发展而不断提高。城市交通的服务质量是一种综合的含义。人们对城市交通的舒适、便捷、周到的追求，要求城市交通应足够方便，足够快速，足够安全；人们对交通信息的掌握，要求应随时洞悉交通系统的运行动态；人们对环境的爱护，要求交通系统应足够清洁；人们对安全的注意，要求万无一失。

人们对出行质量的不断追求，生活质量的不断提高，推动了城市交通的不断发展。建立满足人们需求的，满足人性化需求的，以人为本的人性化城市交通系统，是现代城市交通发展的目标和归属，而我国现在的城市交通发展的人性化水平显然是不高的。

(二) 城市交通发展中的人性化要求

针对由于对人性尊重的缺失而导致城市交通与城市发展不和谐的弊

端，倡导城市交通发展人性化尤显重要。新世纪的城市交通发展应具有人性化走向，在过去强调科学化管理与科学化建设的基础上，将人性化的目标充实进去。人性化城市交通发展理论是以人为本，以人性关怀和人性复归为宗旨的，强调对人的尊重，要求城市交通发展要以人为出发点，树立满足"人和物"的运输需要，满足人们对交通的舒适、便捷的追求。具体表现在以下四个方面。

1. 人是城市交通发展中的首要因素。人性化视野中的"人"是实实在在、有血有肉、有情绪、有思想的人，这里的"人"是一个包括弱势群体和"未来人"在内的"大写的人"。人的需要、属性、心理、情绪、信念、素质、价值等问题都应当是管理者所关注的。人性化管理见物又见人，以人为中心，强调人的主导地位，关注人性，尊重人的需求。离开了人的利益的发展，是片面的发展；违背了人的需要的发展，是没有意义的发展。只有在发展中不断改善人的生存状态、不断提高人的生存质量、不断满足人的更高层次的需要、不断促进人自身的完善，才能实现社会和城市发展的真正进步。

2. 人是城市交通发展之本。城市交通发展是一个动态的、无止境的过程。在这个发展过程中，"人"应该始终居中心地位，作为发展之本。以人为本是一个历史范畴，是科学发展观的核心。在全面建设和谐社会背景下，以人为本以关注人的利益，倡导民主和平等为基本原则和行为取向，同时要求人们用人性化的思维方式和行为方式对待世界，实现人与城市交通的和谐互动和人性关切。在贯彻落实以人为本的理念时，既要辩证地处理好各种复杂关系，树立正确的思想认识，还要实行执政理念和领导方式的转变，着力推进制度创新。

3. 人是道德实现的出发点和最终归宿。道德在最本质的意义上不是社会性的，而是人性的；道德的终极关怀是对人的生存状态的关怀，是对人类生存境况良性发展的关注，是对人的福祉的悠悠关切。在城市交通发展中，离开对人本身的关注，放弃对人性的关切，必然扭曲其发展的道德形象，表现出过于社会化、外在化、模式化的弊端。

4. 人性化管理的实现需要现实性的基础。人性化管理作为一种新的管理思想经历了一个萌芽、争议、新兴的曲折发展历程，其每一阶段的经历均有着深刻的社会背景。实施人性化管理，不仅要求进行管理思想的深刻变革，妥善处理好包括制度管理在内的多重关系，而且需要现行管理制度进行相应的调整，并紧密联系管理工作，才能取得预期的效果。因此，城市交通系统实施人性化管理，一要切实以人为本，充分尊重人；二要提高管理者的素养；三要确立新的管理模式和系统；四要建立人性化的管理制度。人性化城市交通是符合人的身心发展，既满足人的主观需求，又满足人的客观需要的一种发展模式。

第二节 人性化城市交通发展的原则

一、以安全为前提

安全是人性化城市交通的生命线，"安全第一"这一永恒不变的方针，是人类从惨痛的事故中得出的。随着社会经济的发展，各行各业的联系更加紧密，交通事故对社会、生活的影响也更为深刻，交通安全越来越受到社会各界的广泛关注。据估计，世界各国每年因交通事故所造成的损失平均约为其国民生产总值的1.5%~2.0%，而且还有扩大的趋势，交通安全问题已经成为世界各国必须面对的严重社会问题。为保证交通运输的可持续发展，提高交通的安全性，减少交通事故的发生率是非常重要的。

城市交通是一个复杂的以交通流为中心的动态系统，它由人（行人、驾驶员、乘客）、车（汽车、自行车等）、道路和环境等交通要素组成，各要素之间存在着互相依赖、相互作用的特定的不可分割的联系，其中任何一个要素的行为都将对整个系统造成影响。交通安全实际上是对人、车、路、环境等几个交通要素各自的可靠性以及相互协调状况的综合反映，是交通系统这四要素相互作用造成的。在这个系统中，任何一个组成部分的正常机能受到破坏都会引起交通事故。城市中汽车的大量普及不可避免地带来了交通拥挤、事故频发等问题，尤其是道路交通事故发生率的居高不下，死伤人数的逐年增长，经济损失的日益加大。因此，减少城市道路交通事故一直是人们普遍关注的社会问题和科学技术进步所面临的重要课题之一。提高城市交通的安全性，需要建立完善的交通事故预防体系并建立起快速的事故反应机制。

城市交通系统是一个有人参与的复杂系统，人在其中的行为决定了相当一部分系统性能。如在城市中采用智能信号控制的路口，如果人不遵守信号，则系统的性能就无从谈起，而在不允许行人和自行车进入的道路内，如果自行车和行人要进入，则首先涉及的是安全问题，汽车运行的模式也无法预测。因此，对交通参与者行为，尤其是驾驶员行为和行人均应进行规范和教育。

同时，要积极应用最新科技成果来保障交通安全。在倡导以人为本的今天，各国都在努力降低交通事故的伤亡率，并且已经取得了显著效果。各主要发达国家每亿车公里死亡人数都在两人以下，美国每亿车公里死亡人数仅为1.1人。随着许多先进技术被引入汽车的安全性设计中，各大汽车厂家越来越多地注重提高汽车的安全性能，会将更加安全的汽车带入城市交通发展之中。

城市交通系统的构成因素中，驾驶员、汽车和道路三因素对道路交通安全的影响程度是不同的。英国的研究得出道路交通事故频发的唯一原因是由驾驶员因事故引起的占65%，涉及道路环境诱发的事故占24%；美国对应分别为57%和27%；而与驾驶员因素有关的占到近95%，美国为94%。我国道路交通事故的统计表明，主要由于驾驶员造成的事故占90%左右，道路环境条件引起的占30%左右，而因汽车技术状况差诱发的约为10%。这表明，道路交通事故频发的唯一原因是因车辆和道路环境因素诱发的百分率是相当小的，道路交通事故原因主要与驾驶员有关。因此，为实现城市交通系统的安全化功能，对人的因素，尤其是对汽车驾驶行为形成进行分析、测试、建模、仿真与实验的研究，对道路交通事故诱发原因的辨识、预防和控制极为重要。

无论是在发展中国家进行的机动化过程，还是在发达国家面临的机动化发展，保证汽车驾驶安全一直是人们追求的重要目标。由于驾驶员不仅是道路交通系统的信息处理者和决策者，而且也是调节者和控制者，因此驾驶行为的研究就成为道路交通安全与汽车安全性设计的核心问题之一。据美国的一项调查显示，驾驶员每行驶1公里，会遇到300多种信息，需要做出75次决策。但是，驾驶员除了获取处理已显示的或微弱的道路交通信息外，还要准备获取潜伏的、突发的道路交通信息。如驾驶员在行车过程中，前车突然停止、自行车突然在车头前侧倒、行人突然在车头前横穿马路等。因此，驾驶员必须具有较高的信息接收能力和信息处理能力，才能适应极其复杂的道路交通情境，以确保城市交通安全运行。

二、以环境为基础

人性化城市交通环境是在以人为本思想指导下，以人的基本生活、出行需求、心理、行为和文化物质需要为出发点的城市生活场景的再塑造。交通环境渗入了生活世界的各种因素，是人类从事生产的物质基础，也是各种生物生存的基本条件；环境整体及其各个组成要素都是人类生存与发展的基础；环境资源的多寡也决定着经济活动的规模。

人性化城市交通发展的关键，是保护好城市环境。随着机动车保有量的上升，汽车交通需求量的增加，城市交通环境污染也变得日益突出，严重影响了人们的工作和生活质量，使城市的发展面临着严峻的考验。如何控制和减少交通污染，保护好当代及子孙后代的生活环境，是人性化城市交通发展的重要内容之一。

城市交通对周围环境的影响表现在两个方面：一是交通工具（汽车、火车、飞机、船舶）产生的影响，包括发动机（特别是内燃机）中燃料燃烧排放物的化学污染、热能逸散产生的环境热污染、噪声污染、非再生自然能源的消耗以及对地球大气圈的结构和物理特性的影响。二是交通干线的影响，包括修建道路、管道、立交桥、架空桥、车站等占用大量土地，由于规划不合理，对该地的文化、历史和古建筑等风景名胜造成的不利影响，自然生态失去原始状态使得生态系统的功能结构失去平衡。城市交通对人类本身的影响，则包括交通事故对人体的伤害以及空气污染、噪声等对人类健康、生活质量、环境质量等产生的影响。

人性化城市交通的研究涉及交通系统发展的目的性问题。纵观城市交通发展史，我们不难发现，城市交通虽然发展很快，却并没有把人放在第一位，造成城市交通拥挤、环境污染恶化、交通事故频发、人们出行不便等问题。近年来，人们逐渐意识到了这一点，从主体角度重新审查城市交通系统。为此，在决策规划、实施的过程中要真正将"人"摆在第一位，在观念上要形成对人的关注。我们需要重新界定人与自然的关系，将环境与资源作为人类生存发展的限制性条件，把保护环境和合理利用资源作为推动科学进步的出发点，并在此基础上实现新一轮现代化。体现在城市交通发展中，要让良好的城市交通供人出行使用，并同时提供较多的社会文化意义，时刻考虑人与城市交通的关联，处处体现城市交通对人的全方位关爱。

城市交通污染的主要成分是噪声和排放有害物质。有害排放物质主要有 CO、HC、NO$_x$ 及微生物，这些物质对人体有很大的危害作用，需要加以控制。改善城市交通环境，就是利用高新技术和现代化的设备，采取各种措施，以减少交通污染，这是一项复杂的系统工程。在不同交通特征下，通过调查与统计分析，可得到车辆行驶状况与噪声声级、废气排放量之间的定量因子，而不同的行驶状态持续时间，可根据交通量、车速、延误等交通特征指标进行计算，由此可建立交通特征量与交通污染量之间的定量计算模型，从而为定量分析和评价个别道路、交叉口以及局部区域的交通污染提供了理论依据。建立合理的交通环境指标体系，是正确评价和控制交通污染的依据，体系中的各个指标需进行反复筛选和论证，使其具有准确性、可比性、简便性。

人性化城市交通发展中环境问题的解决，需要交通政策、交通建设和交通管理的综合协调和有机结合。国外交通发展的历史证明，以满足交通需求为目标的城市交通规划和大量道路建设，是不可能解决城市交通问题的。在可持续发展的目标下，交通发展应该能够通过优化交通结构，实现对有限空间与环境资源的合理利用，协调交通供需关系，引导交通建设对整个经济系统的长远发展产生积极的影响。因此，研究城市交通的合理布局，减少交通需求，选择合理交通方式，加强交通管理的综合协调和有机结合，能充分地利用有限的时空资源，减少和控制交通污染，对于实现城市交通的可持续发展将起到积极的作用。

三、以管理手段为保障

体现人性化的现代化城市交通管理设施是保障道路交通安全、畅通、有序的物质基础，也是实施人性化交通管理的技术保障。随着国民经济的高速发展和城市化进程的加快，我国城市，尤其是大城市，由于交通拥挤阻塞，交通事故增加，城市形象下降，城市辐射功能下降，出现不适于人居住的危险局面。面对未来不断扩大完善的交通供需规模，我国各大中城市应在抓紧道路、轨道等设施建设的同时，发展和完善交通管理设施，提高城市交通现代化水平。要积极实施交通智能化战略，以信息化手段促进交通与城市的协调发展，逐步实现交通决策科学化、管理现代化、交通基础设施运行效率最大化。

　　解决交通问题的传统办法是修建道路，但无论是哪个国家的大城市，可供修建道路的空间越来越小。要解决交通系统这个复杂的大系统问题，仅从车辆方面和道路方面考虑是难以解决交通问题的。因此，在城市新建、改建道路时，应根据交通需求同步配套、完善道路交通管理设施，完善城市信号控制系统，采用新技术、新材料进行道路标志、标线建设。大力发展智能交通信息设施系统，综合车辆和道路，系统解决"城市病"。

　　智能运输系统（ITS），是将先进的信息技术、通信技术、电子控制技术、人工智能等学科成果综合运用于交通运输，从而形成一种定时、准确、高效的综合运输系统。随着科技的发展，ITS的思想已经逐渐被引入公路、铁路、航空等领域，近年来，随着内河航运的发展，也运用到内河航运中。由于先进的交通信息系统能为出行者提供强大的信息支持，提供最佳行驶路线及实时导航信息，会对出行者起到非常关键的指导作用，大大方便出行；先进的公共运输系统利用计算机技术对交通工具及公共设施的技术状况和服务水平进行实时分析，实现交通系统计划、运营和管理功能的自动化，可以为乘客提供实时的公共运输信息和换乘信息。因此，智能运输系统的逐渐成熟有利于人性化城市交通发展目标的实现。

四、以人的满意度为标准

　　城市交通的发展受城市的经济、社会、环境、科技、规模、体制等众多方面的制约和影响。要实现城市交通的人性化，不仅需要理念先进的交通规划，而且需要协调交通内部与交通外部的关系。内部交通设施的平衡、运行的协调、管理的统一，外部与城市经济、社会、环境、用地相互促进，都是实现城市交通的人性化所必须考虑的。

（一）注重以人为本

　　城市交通发展的根本是满足"人和物"的运输要求，必须尊重人的主体地位。城市交通的方便、快速是满足人们对交通的舒适、便捷的追求；城市交通与环境的协调发展，应考虑与人的综合感受相适应；城市交通环境通过其自在的物理性能与人发生关联的同时会对人的心理产生积极或消极的影响，人们对交通的整体感受应该积极向上，令人愉悦；城市交通文化建设应在精神上鼓舞人。这些都是体现以人为本的城市交通理念。

（二）注重协作性

人和物在城市中的快速流动和转移，要依赖于高效率的城市交通系统。而在整个体系中，各种不同交通方式间的衔接无疑是最容易出现等候和产生延迟的环节，因此，必须加强不同交通方式间的连接。发达国家在一些交通中心枢纽已经实现了各种交通方式的无缝连接，即航空、铁路、城铁和公交的无缝连接，有的不用出机场就可以直接换乘其他方式的交通工具。城市交通的人性化发展要求加强各种交通方式的相互协作，实现人性化连接，最大限度地方便换乘乘客，减少乘客等候和延迟的时间。

（三）注重多元性

目前，我国大多数城市都面临着城市规模扩大、交通机动化、可持续发展等共同问题。但是，任何城市在发展的过程中，都有各自不同的地理、历史、气候、人文条件，都有各自不同的发展阶段和发展目标，城市交通系统的发展也具有其特殊性和多元性。城市交通的人性化发展要尊重城市交通的个性，让城市具有鲜明的地方交通特色和地方交通文化特色，实现城市交通共性与个性的协调。

（四）注重提高满意度

人们的生活满意度是指对现实生活质量的满意程度。随着时代的发展、生活的改善，人们对城市交通的要求也在发生着改变，衡量城市交通生活的标准也有所改变。这种满意度在一定程度上受其认知和情感的影响。市民现有的认知水平影响着人们对交通生活的感知和认识，在考察市民的满意度时，除了要考虑宏观社会环境对市民交通生活的影响外，还应该考虑人们的生活体验，不同时期的市民对生活质量的要求等影响因素。

第三节　人性化城市交通发展的理论框架

人性化城市交通强调人本位，将交通参与者摆在第一位，以人的基本生活、心理、行为和文化物质需要为出发点，重新界定了人与城市交通的关系。人性化城市交通发展理论是什么样的构成形式呢？

人性化城市交通是一个全新的命题，正确理解人性化城市交通，尤其是定义和内涵是首当其冲的，这一过程，我们在上一节做了必要的探索。

在此基础上，我们可以探讨人性化城市交通发展的理论框架。

目标是我们制定战略时要最先考虑的问题。人性化城市交通发展的目标是我们研究人性化城市交通发展的政策、步骤等问题的基础。在目标的选择过程中，要提出目标选择的依据；由于城市交通问题涉及许多方面，相应的，要分析体现人性化城市交通在各个方面应达成的目标，并在此基础上提出人性化城市交通的总目标。

目标设定后，我们需要尽快知道的是特定的城市交通与人性化城市交通的差距，这就需要进行人性化城市交通的评价，评价问题是研究人性化城市交通发展理论的关键。评价必然涉及评价方法、评价指标及评价指标体系构建的问题，应该建立一个人性化城市交通评价的模型。

在评价的基础上了解了特定城市的城市交通人性化的水平，我们还需要解决人性化城市交通发展过程中的路径问题，即人性化城市交通的发展模式。应是在对城市交通发展模式比较的基础上，分析人性化对城市交通发展模式的特殊要求，明确相应的模式选择的原则，确定人性化城市交通的发展模式，这就为发展措施的提出提供了依据。

发展措施是研究人性化城市交通发展理论的落脚点。如果不积极采用促进和发展城市交通人性化发展的措施，进行城市交通的人性化目标选择和现状评价就失去了意义。构建人性化城市交通，首先，要从规划着手，在此基础上加大人性化交通设施的建设，同时采取切实的管理措施保障人性化城市交通的形成和发展。

由此，我们把人性化城市交通发展理论定义为，在科学发展观的指导下，运用交通规划理论、可持续发展理论和人性化管理的思想，以人为中心、以人性化为尺度，考察城市交通发展、环境、安全等因素与人的关系，引入数学模型分析方法，提出人性化城市交通的目标选择、城市交通人性化的评价原则和标准、人性化城市交通的发展模式、城市交通人性化发展的措施，以期加深人们对城市交通人性化问题的认识，促进人性化城市交通建设的发展。

人性化城市交通发展理论由以下各模块组成（见图 2-1）。

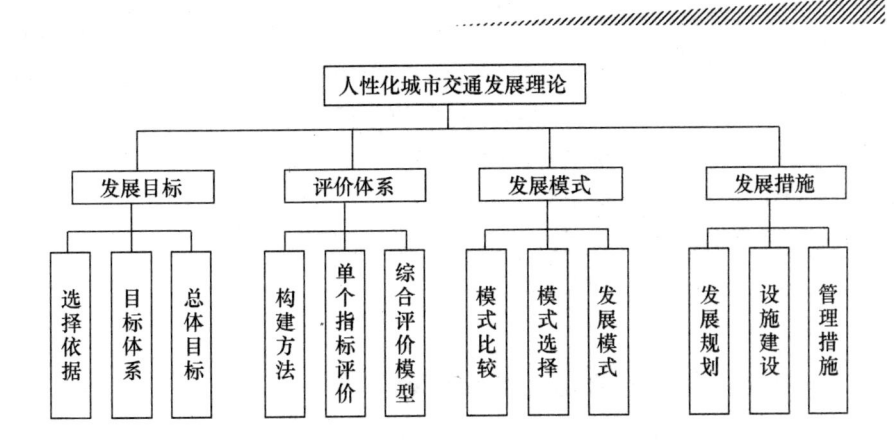

图 2-1 人性化城市交通发展理论框架

一、人性化城市交通的发展目标

城市交通的发展目标是考虑城市交通发展的政策、步骤等问题的基础，是城市在制定交通发展的战略规划时需要最先考虑的问题。人性化城市交通发展的目标，应该是在必要的经济前提下，实现城市在便捷、安全、生态方面的综合效用最大化，实现人民群众对城市交通适于人的生活满意度的最大化。人性化城市交通发展的理论，要研究人性化城市交通的目标选择的依据，并对在建设和谐社会、实现城市交通发展人性化的思想指导下，城市交通在满足人的需要和利益，包括便捷、安全、环保等各个方面在人性关怀的体现上应达到的定性或定量的目标进行逐个的分析。要以未来城市适宜人居住、促进人发展为基础，研究符合人性化要求的城市交通发展的目标体系，提出目标值的确定方法以及所规划目标的建议值。人性化城市交通发展的目标体系的建立，对人性化城市交通的规划和建设具有重要的指导作用。

二、人性化城市交通发展的评价体系

评价体系是研究人性化城市交通发展理论的关键。人性化城市交通发展评价的理论，要遵循全面客观、同一可比、定性定量相结合的原则，通过考察城市交通各因素的互动，分析城市在人性化交通发展水平上的客观情况。要研究人性化城市交通发展评价体系的构建方法，对人性化城市交通发展评价问题的内涵和外延做出正确的分析，按照科学、全面、可比、可操作的要求，选取评价指标。要遵照科学的方法进行评价指标的分析与测定，既要分析各个指标单独的评价问题，又要遵循其内在的逻辑性构成较为科学的指标体系。要对各个指标在整个指标体系的评价中赋予合理的权重，建立起一套人性化城市交通发展水平的评价模型。要力求得出全面、客观的结论。

三、人性化城市交通的发展模式

对发展模式的研究是要解决人性化城市交通发展过程中的路径问题，是提出保障措施的根据。分析人性化城市交通的发展模式，首先，要对城市交通发展的模式进行对比研究。其次，人性化城市交通发展模式的选择要考虑人性化对城市交通发展模式的要求，以及人性化城市交通模式选择应遵循的原则，这些要求和原则包括应满足人们日益增长的出行需要、有利于城市生态环境的改善、降低社会总成本、优化资源利用、引导城市合理布局，体现公平性原则、高效性原则、可持续发展原则，在此基础上提出人性化城市交通的发展模式。

四、人性化城市交通的发展措施

发展措施是研究人性化城市交通发展理论的落脚点。如果不积极采用促进和发展城市交通人性化发展的措施，进行城市交通的人性化目标选择和现状评价就失去了意义。规划是前提，人性化城市交通发展的理论，要遵循以人为本、区域差别、人车路协调的原则，从增进交通建设与管理法规的人性化内涵和优先发展公共交通入手，研究制定城市交通的人性化发展规划的具体途径。建设是重点，要研究在基础设施、道路网络以及交通方式间的人性化连接等方面推进城市交通设施的人性化建设的问题。管理是保障，要研究通过管理手段、执法、教育等方面的创新推进城市交通的人性化管理的具体措施，使人性化城市交通的观念深入到各项工作之中，促进和谐城市的形成。

第四节 本章小结

本章在对人性论与人性化管理的相关理论、我国城市交通存在的与人性化要求的冲突进行了分析的基础上，给出了人性化城市交通的定义，认为它应该方便、快速适于人，安全、舒适愉悦人，和谐、满足鼓舞人。归纳了人性化城市交通发展以安全为前提、以环境为基础、以管理手段为保障、以人的满意度为标准的原则。给出了包括发展目标、评价体系、发展模式、发展措施的人性化城市交通发展的理论框架。

第三章 人性化城市交通发展目标与选择

第一节 城市交通发展目标的不同理解

一、车本位与人本位

城市交通发展经历了从车本位向人本位转变的过程。英国学者汤姆逊研究了20世纪60~70年代完成的600份城市交通规划报告，对当时的规划提出了严厉批评，认为当时的城市交通规划是面向"车本位"，而不是"人本位"的。

（一）城市交通调查注重机动车出行特征，忽视居民出行意愿

西方发达国家在20世纪60~70年代进行的城市交通调查、评价或改进是基于交通工程方面的，并未涉及社会方面的问题，强调机动车的出行特征，收集了大量的统计数字，如车辆出行次数、车辆出行OD、车辆出行时间分布、居民乘车目的。这些统计数字只能说明机动车使用者的出行特征，而不能说明其他交通参与者的活动愿望、出行意愿以及意愿满足情况。

（二）城市交通规划重视的是机动车，忽视人的需要

当时，主流的思想认为城市交通规划是规划机动车交通，而不是规划人与货的交通。当时，许多规划者把出行距离短的步行和自行车交通视为与城市交通不相关的问题，根本没有意识到较长的机动车出行在好的交通规划下可以用短的步行和自行车交通代替，好的交通规划不只停留在设计一些交通设施来运送预测的交通量。汤姆逊认为，好的交通规划也要帮助用地布局形式和整个交通系统设计的结合，使人们在交通上用最短的时间、花最少的钱，能非常方便地参加他们想参加的活动或获得他们想要的

东西,如果能用一个短的步行行程来解决人们参加活动的问题,那是城市交通规划中最大的成就。显然,不可能所有的活动全部都在步行距离之内,但是,一个坏的规划把大多数活动安排在人们的步行距离之外,这是有可能的。

(三) 步行设施不受重视

在 20 世纪 60~70 年代,西方发达国家对步行设施建设很不重视,其背后的原因是认为步行系统不是交通系统的组成部分。美国曾经有一段时间发展到新建城市道路不建人行道的地步。在当时部分城市里,由于机动车交通量的增长,使居民步行变得非常困难,人们过街不方便,安全受到威胁。当初那些面向"车本位"的道路交通改善方案,使得步行者的交通条件恶化,如机动车道扩宽了、人行道变狭窄了、交通安全岛取消了、禁止行人翻越的栅栏设立起来了,行人被迫在指定的、由交通信号灯控制的地方过马路,机动车流几乎可以连续不断地通过交叉路口,但行人过街绿灯信号变短,很难穿过马路,或者被迫从地下通道或人行天桥上通过。此外,有的城市允许机动车在人行道或道旁停放。由于机动车可以开上人行道,许多城市的人行道路面和道牙遭到破坏,使行人更加不方便。而且,人行道上竖起越来越多的停车计时器、交通标志。在一些城市,小商小贩占用人行道的现象比较普遍,这样,在行人多的地方,人们被挤到机动车道上,给交通安全带来隐患。

随着时代的发展,西方发达国家开始重视交通的人本位问题。美国运输部在 2000~2005 年战略规划中明确提出,交通运输要实现的战略目标包括安全、畅通、经济增长、人与环境的和谐、国家安全,提出要推动对环境有利的交通方案,如步行、骑车、公共交通与虚拟旅行,以及对私人小汽车的替代。在《英国 2000~2010 年交通运输发展战略:十年运输规划》中提出,要将大量投资用于资助现代公交、有轨电车、轻轨系统和自行车道建设,在前 5 年内,地方运输规划的主要内容是对自行车、步行以及环境与安全优先权的加强。而在我国的城市交通中,汤姆逊所分析和批评的现象还比较普遍地存在,车本位现象比较突出,交通拥挤日趋严重,城市发展与城市交通建设不协调,城市交通与资源环境矛盾突出,城市交通结构不合理,交通规划缺乏整体性和系统性,城市交通管理技术水平低下,城市交通发展亟待人性化。

与车本位不同，人性化城市交通强调人本位，它将人摆在第一位，人性化城市交通从本质上来讲是以人为本，它应当是以人的基本生活、心理、行为和文化物质需要为出发点的城市交通，是生活场景的再塑造。人性化城市交通强调的是城市交通不仅满足人的主观需求，更重要的是在于满足人的客观需求，如对安全的需求、对环境的要求和对审美的需求等。

二、路权平等与公交优先

以往，人们用路权平等的观念，对城市交通，尤其是机动车的通行不加区分，但从公共交通在城市尤其是大城市的地位来看，总体上经历了与其他机动车尤其是小汽车进行自由竞争到得到优先地位的过程。公共交通经历了近5个世纪的发展，其最初形式是马车。1662年，沿着固定线路行驶的公共四轮大马车出现在巴黎街头。1798年，公共马车在伦敦出现。1827年，美国第一辆公共马车在纽约投入运营。1832年，纽约出现了第一辆马拉的轨道车辆，随后马拉轨道车开始在美国其他城市出现。到1870年，马拉轨道车在欧洲也得到了迅速发展，在德国，有16个城市形成了马拉轨道车的网络。而蒸汽机的出现使公共交通进入了机动化的初级阶段。1821~1840年间，英国生产了蒸汽机四轮车，但由于这种车辆比较重、速度慢、噪声大，发展比较缓慢。直到1870年，蒸汽机车的轨道车辆才投入商业生产。随后，发动机和电动机的出现，解决了公共交通的动力问题。1881年，世界上第一辆有轨电车在柏林出现；20世纪初，有轨电车在许多大城市和中等城市得到使用。1899年，英国开始运营公共汽车。公共汽车的出现和大量使用，使公共马车的动力全部被新型动力取代。在公共汽、电车得到发展的同时，轨道交通也得到了发展。1838年，伦敦第一条郊区铁路开通。1863年，伦敦开通了地铁1号线。1882年，柏林开通了区域铁路线，包括高架线。高架轨道交通在美国也得到了发展，1868年，纽约建成了第一条高架线。随着技术的发展，磁悬浮列车的开发为公共交通的发展开辟了新的领域。

由于城市交通阻塞和污染情况日益严重，从1970年开始，一些发达国家和次发达国家开始推行公交优先的政策，许多发展中国家和地区的大城市实施了轨道交通系统，同时有的城市采取了花费较小的方法来加强大容量公共交通设施，实行路面上的公共汽、电车优先，以便有效地提高通行能力。公交优先有许多方式，包括顺向和逆向公共汽车专用道、公共汽车路和公交场所的改进，如免除禁止转弯及设置公共汽车出入口等。公共交通优先需要将公共汽、电车系统与其他公交系统隔离，其隔离方式主要有交通标线和栅栏、侧石等物理隔离。公交专用道则通常有两种形式，即在现有道路上实施或专门建设一条道路供公共汽、电车使用。一般情况下，当双向机动车道大于六车道，行驶于该道路上的公交线路和车辆达到一定规模时，就可考虑将其中单向一至两条车道作为公交专用道。根据公交客流状况，公交专用道可以是固定的，也可以是时段性的，如只在高峰时段开辟。

巴西城市库里蒂巴被誉为世界的"环保之都"，城市交通系统讲求高效率、低成本和清洁环保，在城市规划中较早确定了公共汽车专用道。库里蒂巴采取了一些规划措施提高公共交通系统的容量。第一条公交专用道20公里长，于1972年规划，1974年开始运营，后来发展到5条总长56公里的双车道公交专用道。2003年，该市拥有人口160万，公共交通车辆2100多辆，约有75%的通勤者选择乘坐公交车。

日本东京则是世界上典型的以轨道交通为主导的大都市。东京的轨道交通包括三大系统，第一是服务于城市化地区的地铁系统，第二是服务于近郊区的私营铁路系统，第三是服务于首都圈的国有铁路系统。东京城市轨道交通圈范围内的轨道总长度为2246.4公里，东京23个区的网络总长度达到584.8公里，密度高达每平方公里947.8米。进入东京中央10个区的上班族中有90%以上是乘坐轨道交通。发达的轨道交通引起了东京都市区的拓展，使市区由单一中心向多中心发展。

三、投资优先与管理优先

对于如何解决城市交通普遍存在的交通拥堵问题，实现城市交通的人性化，投资优先与管理优先是两种不同的取向。当然，要实现城市交通的人性化，应投资与管理并举。强调投资优先和管理优先，只是从不同侧面强调了两方面的重要性。主张投资优先的人认为，加大投资力度、修建道路是解决城市交通问题的最直接途径。在城市内，由于历史原因，我国大城市的城市规划普遍存在缺陷，欠账太多，改造现有道路的任务十分艰巨，因此，应首先加大投资力度。

然而，城市交通基础设施投资力度的增加尤其是城市道路的建设，大大刺激了机动车交通需求的迅速增长，道路交通拥挤现象不但没有缓解，反而变得更加严重，出现了"机动车交通增长→交通环境恶化→修建道路→机动车交通量进一步增长→交通环境进一步恶化→再修路"的恶性循环。这种恶性循环带来的不仅是不断升级的交通拥挤，而且使得交通噪声、大气污染更加严重。因此，一部分人强调管理优先，具体体现在四个方面。

（一）科学制定城市交通规划

城市交通规划旨在解决城市交通设施的供给与需求矛盾，使城市道路网络布局、城市交通结构等内容合理化。城市交通规划建立在交通需求基础之上，通过获取交通流量在路网中的分配状况，从而确定道路网密度等是否能满足目前和将来的交通需求，进而制定交通发展战略。城市交通规划是整个城市规划的组成部分，科学的规划可以提高交通网络使用效率、确定合理的交通结构、解决交通拥挤和交通安全，指导制定利于长远的发展策略。

（二）加强交通需求管理

交通需求管理可以通过交通政策等的导向作用促成交通参与者交通选择行为的变更，鼓励更有效率的出行方式，以减少机动车尤其是小汽车的出行，减轻或消除交通拥挤。交通需求管理的主要内容包括实施时差出行等方法，在时间上分散交通需求；通过向驾驶员提供道路拥挤、事故状况等实时路况，促使交通需求在空间上进行分散；制定政策，限制小汽车在特定时段或特定区域的使用；提高公共交通的服务水平，促使人们使用大容量的公共交通等。在交通出行产生阶段，交通需求管理主要是尽量减少出行的产生，具体措施包括鼓励通过通信网络代替交通使用。在出行分布阶段，交通需求管理主要是对城市土地利用类型进行管理和控制，改变某些活动的地点，使得交通出行需求从交通拥挤点转向非拥挤点。在出行方式选择阶段，主要是对某些交通方式进行选择性的刺激或抑制，限制小汽车进入市中心区，促使出行者向公共交通转移。

（三）改善城市交通信号控制等具体管理措施

随着交通控制技术的进步，城市交通信号控制已由点控、线控发展到面控。点控只对单个交叉路口的交通信号进行单点定时控制；线控是对一个交通线路特别是主干道的交通信号进行协调控制，使得在一条街道形成"绿波带"，保证大多数汽车行驶到路口时能遇到绿灯；而面控则是对一定的区域，通过计算机网络进行控制，根据交叉路口和路段的实时交通情况，确定交叉路口红绿灯配时方案，实现一定区域内整个交通网络信号控制的优化。城市交叉路口采用先进的信号控制，可以降低车辆停车次数，减少行车延误时间，减少燃料消耗和交通污染，提高路口通行能力。

（四）加强行人、非机动车、驾驶员的交通法规意识

在我国，交通参与者的交通安全意识较低，路面交通秩序普遍不好。行人不遵守交通规则，非机动车乱行乱闯，影响了路面行驶的机动车速度，致使道路通行能力下降，这在道路交叉口的表现更加突出。除了行人和非机动车的因素外，机动车驾驶员不严格遵守道路交通法规，也是造成交通拥堵和交通事故的重要原因。

超速行驶、纵向间距不够、不按规定让行等因素是我国道路交通事故的重要原因。长时间占用快车道、随意压黄（白）实线行驶、见缝插针式的随意超车等，都易引发交通拥堵和交通事故。驾驶员培训、考试管理不严，培养出来的驾驶员缺乏严格遵守交通法规的意识、驾驶技能达不到应有的水平，这些都成为导致交通事故隐患和交通拥堵的因素。

第二节 人性化城市交通的目标内涵

一、建设和谐交通环境

（一）和谐与和谐社会

"和谐"，在古希腊语中的意思是将不同的事物连接或调和在一起，通常用于音乐，表示将不同的音调调和在一起成为音阶。在我国古代典籍《易经》中，"和"是大吉大利的象征；在《尚书》中，"和"被用来描述家庭、国家、天下等系统内部治理良好，上下协调的状态。在我国传统文化里，"和"具有和谐、和平、和睦、和气等内涵。

构建和谐社会、追求公平正义，是人类的共同理想。从边沁、马歇尔和庇古等人的功利主义、诺齐克和哈耶克等人的自由至上主义、罗尔斯的正义理论到阿马蒂亚的社会公正理论等，诸多西方学者对公平、正义与和

谐进行探讨，产生了深远的影响。

中共十六届四中全会明确提出要构建和谐社会，并提出我们所要建设的和谐社会，应该是民主法治、公平正义、诚信友爱、充满活力、安定有序、人与自然和谐相处的社会。和谐社会的核心在于人与人之间的和谐，以平等与公平为基本准则，体现了以人为本的理念，充满着人文关怀的精神，社会关系的和谐才是和谐社会的根本。

和谐社会的基本内涵包括人与自然之间的和谐、人与人之间的和谐、社会结构之间的和谐等三个方面，综合了民主和法治的统一、活力和秩序的统一、多元与公正的统一。构建和谐社会的过程就是一个化解社会矛盾、协调利益关系、实现社会公平正义，进而使最广大人民的根本利益得到充分实现、有力维护和可靠发展的过程。

（二）和谐交通环境的表现与要求

城市交通的和谐可以表现为交通设施的和谐、交通运行的和谐、交通管理的和谐以及交通体系内外和谐。

和谐的交通要求实现交通设施的平衡，包括道路与轨道设施的平衡、静态交通设施与动态交通设施的平衡，实现以枢纽为核心的交通衔接，通过管理设施，整合各类交通设施。交通设施和谐的关键在于构建以枢纽为核心的交通衔接系统，将各种交通方式之间、私人交通与公共交通、市内交通与对外交通有效衔接，充分发挥交通设施的整体效益。

城市的发展和出行的增加在刺激交通机动化水平提高的同时，也使得越来越多的出行依赖于多种出行方式的组合，从而需要交通运行的和谐。为了实现公共交通与步行的有效组合，需要优化公交站点布置，将乘客的步行时间控制在合理的范围内，并且要创造安全、和谐的步行环境。公共交通同样也应当与小汽车实现协调运行。小汽车的适度增长，拉动了经济增长，促进了社会发展，因此，城市交通需要为小汽车的发展留有一定的空间。国外的许多城市都经历了小汽车与公共交通由相互竞争到相互协调的发展过程，通过"停车加换乘"，实现小汽车与公共交通的和谐。

交通管理的和谐是指依靠统一、协调和高效的管理，实现交通系统的整合。高效的管理要求依靠法制和技术，发挥政府、市场、公众的作用，对城市交通的规划、投资、建设、运营等进行协调。

交通体系内外的和谐意味着交通发展与经济增长、土地规划、自然环境和社会进步相协调。交通发展需要大量的资金投入，要使投资充分发挥其社会效益和经济效益，并且适应于经济和财政承受能力。交通发展与土地使用规划相协调，可以提高公共交通的运行效益、土地利用效率，改善城市布局。交通发展与环境的和谐意味着要提倡使用污染较小的交通工具，鼓励使用清洁能源，进行交通噪声限制，使人们生活在健康的环境中。交通发展与社会进步相和谐，要求不断地提高交通服务水平以适应生活质量的提高，保证社会各阶层能平等享受城市交通资源的需要，体现社会公平。

二、保护城市交通参与者中的弱者

在交通参与者中，行人和非机动车驾驶人在安全方面都处于弱势地位。在欧洲国家，市区中道路交通事故的受害者大部分是步行者或骑自行车的人，他们是最无防御能力的交通参与者。2001年，我国步行人群在交通事故中死亡人数最多，占25.4%，乘车、驾驶非机动车者次之，各为22.1%，驾驶摩托车者为18.2%，驾驶汽车者为7.6%，驾驶专用车、拖拉机、电车的分别为1.1%、0.9%、0.1%，其他为2.5%。由此可见，在道路交通事故中，死亡者中的多数是处于弱势群体的步行人群和驾驶非机动车人群，两者总共占47.5%，而处于强势地位的机动车驾驶者死亡比例较低。

2004年5月开始实施的《道路交通安全法》加强了对行人和非机动车的保护。其中规定，机动车发生交通事故造成人身伤亡、财产损失的，由保险公司在机动车第三者责任强制保险责任限额范围内予以赔偿。超过责任限额的部分，按照下列方式承担赔偿责任：①机动车之间发生交通事故的，由有过错的一方承担责任。②双方都有过错的，按照各自过错的比例分担责任。③机动车与非机动车驾驶人、行人之间发生交通事故的，由机动车一方承担责任。④有证据证明非机动车驾驶人、行人违反道路交通安全法律、法规，机动车驾驶人已经采取必要处置措施的，减轻机动车一方的责任。⑤交通事故的损失是由非机动车驾驶人、行人故意造成的，机动车一方不承担责任。

城市交通的公平及弱者保护还涉及与外部性相关的问题。机动车使用者造成对环境的污染，但由此带来的后果却由社会承担，这种负外部性带来了公平问题。通常高收入的家庭会比低收入的家庭拥有更多数量的汽车，驾驶汽车行驶更长的里程，因而使用更多的能源和带来更多的污染。但是，他们也趋向于居住在环境质量较高的地区，而低收入的家庭通常居住在嘈杂和被污染的地区却得不到补偿，因此，人性化的城市交通政策需要考虑这一因素，让给社会带来更多污染者负担更大的成本，同时对交通参与者中的弱者进行保护和补偿。

三、实现城市交通可持续发展

可持续发展问题最早源于人们对环境和资源问题的关注。第二次世界大战后，发达国家的工业和经济获得了巨大发展，但是，环境问题也变得很突出，出现了一些影响较大的公害事件。1972年，罗马俱乐部发表了研究报告《增长的极限》，认为如果按照当时的人口和资本的快速增长模式继续下去，世界将会面临一场"灾难性的崩溃"。1987年，联合国世界环境与发展委员会在其报告《我们共同的未来》中，正式提出可持续发展的概念和模式，把可持续发展定义为"既满足当代人的需要，又不对后代人满足其需求的能力构成危害的发展"。城市交通作为社会经济的一个子系统，它的可持续发展与整个社会经济的可持续发展紧密相关。目前，城市交通在能源消耗、环境影响等方面存在不可持续性。

（一）交通的能源消耗

目前，交通高度依赖于石油，世界石油中近一半被用于交通部门。在美国，95%的交通能源需求都由从石油中提炼的燃料供应，对于世界经合组织成员国总体而言，相对应的数据是99%。以目前的石油消耗速度来计算，世界上已探明的石油储量将会在50年后用完。随着经济的发展和人们生活水平的提高，世界各国交通运输对能源的消费及其在能源消费总量中所占的比例正在逐渐上升。发达国家交通运输消耗的能源占全国总能耗的1/3左右，在交通运输消耗的能源中，公路运输消耗的比例最大，约占80%左右。我国人均石油消费低于发达国家水平，但即使如此，我国的石油产量远远不能满足社会经济发展的需要，从1993年起，我国成为石油净进口国，近年来石油的对外依存度不断提高，使我国的潜在经济风险增大。2004年12月10日，国际原油价格为每桶40.7美元，2005年7月7日，纽约原油价每桶突破61美元，至今仍在高价位上徘徊，世界石油价格暴涨给石油消耗敲响了警钟。因此，城市交通的能源消耗问题，成为影响可持续发展的重要因素。

（二）交通的环境影响

城市交通对环境的影响主要包括大气污染和噪声污染。直接由汽车排放的污染物以及与交通能源相关的主要污染物有一氧化碳、氮氧化物、碳氢化合物、二氧化硫、二氧化碳、臭氧等。美国环境保护署公布的数据表明，1992年，美国城市大气中一氧化碳的67%，氮氧化物的43%来源于机动车排放。2003年，北京、上海、广州等大城市中机动车排放的一氧化碳、氮氧化物平均占大气污染的80%和68%，说明我国大城市的大气污染和发达国家一样，汽车排放已成为城市大气污染的主要来源。城市交通除了造成大气污染外，噪声污染也引起人们的听觉疲劳或听力损伤，影响人们身体健康，干扰人们的正常生活和工作。我国47个城市的噪声调查资料表明，白天平均声级为59分贝，夜间为49分贝，道路交通噪声大多超过70分贝，有的高达74分贝，城市人口的2/3暴露在较高的噪声环境之下，城市居民有近30%在难以忍受的噪声环境下生活。

第三节 人性化城市交通发展目标体系

前文已经论述，人性化城市交通同时满足方便、快速适于人，安全、舒适愉悦人，和谐、满足鼓舞人等三个方面的要求，使人们出行足够的方便、足够的快速，确保行车安全、环境舒适，并提高人们的满足感。归纳起来，人性化城市交通的要求集中在安全、快捷、环保和让市民感到满意、心情舒畅方面。因此，要实现城市交通的人性化，安全性、便捷性、生态性和市民的满意度方面的高水平是其重要目标。本节将对其指标进行总体阐述，在下一章中，将采取德尔菲法、层次分析法等方法，对指标进行筛选、评价。

一、安全目标

安全是人性化城市交通发展要考虑的重要因素。近几年来，全球每年约有120万人死于交通事故，事故率居高不下，这有悖于城市交通发展服务于人的宗旨，具体可采用以下评价指标。

(一) 事故总量指标

事故总量指标是反映交通事故状况的基本指标，常用的有事故次数、死亡人数、受伤人数、直接经济损失等，习惯上称为四大指标，其特点是简单、清晰，是其他评价指标的计量基础，一般在事故记录中可直接获得。但是，事故总量指标是静态的、孤立的，无法反映实际道路、交通条件的差异对事故的影响。人性化的城市交通需要努力降低事故次数、死亡人数、受伤人数和经济损失。

(二) 事故率指标

在事故率指标中，引入了一些相关因素作为比较的基础，这些相关因素与事故有着直接或内在的联系，从而使相对于这些相关因素的事故指标有较好的可比性。人性化的城市交通需要降低事故率，理想的状态是事故率为零。

1. 公里事故率。公里事故率即在一定区域内平均每公里的事故数，也称事故频数。由于将公路长度作为考虑因素，使事故次数更具有可比性，是仅次于事故次数的基础指标。

2. 万车事故率。万车事故率表示在一定区域内每万辆机动车的年交通事故次数，是衡量一定机动化水平下的交通安全管理水平的重要指标，是道路交通安全设施建设、道路交通安全管理效果的综合反映。从 1983～2005 年，我国的交通事故由 10.8 万次增加到 45.03 万次；同期的万车事故率由 38.0 下降到 34.67。上述数据说明，一方面，我国的道路安全设施和人民交通安全意识都在逐步提高；另一方面，交通安全水平的提高速度比不上机动车保有量的提高速度，以至于交通事故的绝对数量增加。

3. 万车交通事故死亡率。万车交通事故死亡率是指在一定区域内平均每万辆机动车所发生的交通事故死亡人数，是通过死亡率描述交通事故的惨烈程度的指标。2005 年，全国道路交通事故造成 98738 人死亡，万车死亡率为 7.6。

4. 万人事故率。万人事故率表示在一定区域内按人口所平均的交通事故数（死亡人数、受伤人数、直接经济损失）。

5. 亿车公里事故率。亿车公里事故率是指在一定区域内，按所有机动车行驶一年的公里数总和所平均的交通事故数（或伤亡人数）。

6. 综合事故率。综合事故率在综合考虑了车辆、人口、道路等因素，包括车辆—人口综合事故率、车辆—道路综合事故率、车辆—道路—人口综合事故率的基础上对交通事故发生频度的量值,从某种意义上说,是对前述事故率的综合。

(三) 经济损失指标

1. 交通事故直接经济损失。交通事故直接经济损失是指平均在每起交通事故中产生的直接经济损失,是通过财产损失描述交通事故的严重程度的指标。2006年1~6月,全国共发生道路交通事故190270起,直接财产损失7.1亿元,平均为3731.54元/起。

2. 交通事故折合经济损失。交通事故折合经济损失是以货币尺度衡量交通事故对社会造成的影响,具体来说,是将死亡人数、重伤人数、轻伤人数折合成经济损失,与事故直接经济损失合并计算的方式,是一个通过经济损失来反映交通事故严重程度的指标。

二、便捷度目标

便捷度是指交通参与者参与交通的便捷程度,能集中体现交通参与者是否能够以最小的时间成本达到他们的出行目的,可以通过如下指标进行衡量。

(一) 机动车行车速度指标

机动车的行车速度是车辆运营效率的一项重要指标,对交通迅捷、经济、舒适、安全具有重要意义。由于平均数常常是表示数据集中特性的数值,所以,车速可以选用平均值,如时间平均车速、区间平均车速、路网平均车速等。我国的《城市道路交通规划设计规范》规定,人口超过200万人的大城市快速路的机动车设计速度为80公里/小时,主干道机动车设计速度为60公里/小时。《道路交通安全法实施条例》规定,在城市没有限速标志、标线的道路上,没有道路中心线的,限速30公里/小时;同方向只有一条机动车道的,限速50公里/小时。在确保安全和非机动车及行人通行权利的情况下,较快的机动车速度能提高城市运转效率和机动车使用者的满意度。

1. 时间平均车速。时间平均车速就是在单位时间内测得通过道路某断面各车辆的地点车速的算术平均值。

2. 区间平均车速。区间平均车速就是在某一特定瞬间,行驶于道路某一特定长度内的全部车辆的车速分布的平均值,当观测长度为一定时,其数值为地点车速观测值的调和平均数。

3. 路网平均车速。路网平均车速反映城市一定路网区域内机动车的平均行驶速度,可用于评价一定区域内城市交通的总体机动性。合理的路网平均速度应当接近于汽车的燃油经济速度,在理想的路网平均车速下,路段的交通运行处于相对自由的交通流状态,在现有的道路交通条件下,驾驶员能够自由选择车速,基本不受其他道路使用者的影响。其特征是交通量小、车速高、行车密度低。

4. 主干道平均车速。主干道平均车速是指城市主干道上机动车的平均行驶速度,用于评价一定区域内城市交通的总体机动性,合理的平均车速应当接近于汽车的燃油经济速度。

5. 交叉路口等待时间。交叉路口等待时间是指信号交叉路口各流向所有车辆等待时间的加权平均值,用于评价交叉路口运行质量,在理想的状态下,道路使用者仅消耗极少的时间,大部分车辆一般不需停车等待即可通过交叉路口,良好的信号配时有可能实现这一点。

6. 平均行车延误。平均行车延误是指主、次干道行车延误与行驶里程的比值,用于评价路网的整体性能和城市交通管理的效率及水平。

7. 单车平均出行时间。单车平均出行时间是指一定的路网范围内的车辆完成一次出行所花费的行程时间平均值。在一定的路网中,由于采取或取消某些交通组织与管制措施可能会导致车辆绕行或行程时间缩短,使整个路网的可达性发生变化,因此,单车平均出行时间可以将这些因素反映出来。

(二)行人、非机动车的便捷度指标

1. 人行道通行能力。人行道通行能力是指在良好的气候和道路条件下,行人以某一速度均匀行走时,于单位时间内可能通过某一点或某一断面的最大行人数量,一般以 1 小时通过 1 米宽道路的行人数表示。这一指标考虑了行人的空间需求,可以考察人行道的服务水平。当通行数在每小时 1400 人左右时,有足够的空间供行人自由选择速度及超越他人,也可横向穿越及选择行走路线,行人的状态很自由;当通行数为每小时 2500 人左右时,行人步行速度与超越他人受到一定限制,反向及横穿行走易发生挤擦碰撞,有时需变更步速和行走路线;当通行数达到每小时 3000 人左右时，行人的正常步速受到限制，行走不便。

人行道的服务水平同道路条件、管理水平、交通条件、服务设施、交通环境等因素有密切的关系，而这些因素的实际状况与改善条件又同社会经济发展和投资水平相联系。高的服务标准必须有相应的经济基础支撑，因此，世界上不同发展水平的国家所制定的人行道服务标准与指标不尽相同。我们制定人行道服务水平标准，要从本国的实际状况、交通需要、经济基础和行人交通发展趋势出发，按照科学、实用、简明、可行与适当超前的原则确定我国人行道行人服务标准与技术指标。

行人以常速行走时，倾向于在自己面前预留一个可见的区域，以保证有足够的反应时间，便于采取避让行为。这个区域可通过反应时间与正常速度相乘而得出，约为 0.48~0.60 米。行人空间的感受对通行能力影响较大。一般来说，人们对私人空间都比较重视。步行者所选择的个人空间，通常与他们的"领域"感、地位、文化、教育、民族习惯及自身形象有关。除了在某些特殊或困难的场合，如在公共汽车上或进出口拥挤的电梯外，一般情况下，行人将会利用一切机会，争取个人空间，避免与他人身体接触。因此，人性化的城市交通应考虑行人的空间需求，注重人行道的建设，为行人创造良好的步行环境。

2. 非机动车道的服务水平。对路段的非机动车道服务水平可以用骑行速度、交通量负荷与车流状况衡量，对交叉口服务水平可以用停车延误时间和停车率两个指标衡量。

（1）交通负荷系数。交通负荷系数就是所评定路段高峰小时自行车交通量与该路通行能力的比值。这个系数的值越大表明道路负荷越重，越小负荷越轻，运行条件越好。根据现在一些城市的交通调查资料，城市主干线上，交叉口上的交通负荷均较重，一般超过 0.5，有些路段和交叉口甚至达到或接近于 1。要达到在公路或独立的自行车道上骑行舒适无干扰，可自选速度或超车的自由骑行状态，交通负荷系数一般要在 0.4以下。

（2）速度比例系数。速度比例系数就是在某种服务水平条件下自行车骑行速度与自由状态（理想状态）下骑车人实际选择的舒适理想的行车速度之比。这个比值越大则表示速度越高，服务质量越好；反之则服务水平下降，如果比值能在 0.8 左右，就属于比较理想的状态。据对北京和南京两市的自行车运行速度的观测,在有分隔带的城市道路的自行车道上,平均车速约20公里/小时,在自由状态下运行可达30公里/小时,对于未设分隔带的自行车道上测得平均车速为15公里/小时。

(3) 密度饱和系数。密度饱和系数就是在某种服务水平条件下实际行车密度与最大的行车密度之比。这个系数表示自行车实际运行时所占有的空间的大小,空间越小则自行车可占用的空间就越大,骑行的自由度也越大,骑车人感到舒适轻松快慰。一般来说,此时密度饱和系数应在0.2以下。北京市对8个交叉路口停车线前的实测值,平均停车密度为0.54辆/平方米,最大的停车密度(即在绿灯放行后20秒统计)为0.63辆/平方米,而相应的行车速度为4.05~3.75公里/小时。

(4) 延误时间。延误时间主要是指车辆在通过路口处于红灯受阻情况下等待绿灯开放的时间延误,另外还包括过停车线后在路口内的二次延误。对于自行车,根据北京8个交叉路口高峰小时的观测资料,延误时间平均为18.8~25.2秒。南京市珠江路口与大行宫早上高峰小时的观测资料表明,延误时间长达3个周期,更多的是1~2个周期内将停车放完。即平均时间约为70秒左右。要实现自行车有较大的自由度,能较方便地通过交叉路口,延误时间应努力达到30秒以内。

(5) 停车率。停车率主要说明通过路口时停车等候的车辆数占全部流量的百分率。停车率大,表示路口通过困难;停车率小,表示易于通过。根据对北京十多个路口高峰小时的观测,平均停车率为35.9%~52.4%,即不停车通过交叉口的不到一半,这个数值比较高。在南京观测的资料表明,高峰拥挤时停车率也高达50%。要实现较大的自行车自由度,大部分人能方便地通过交叉口,停车率应努力达到20%以下。

(三) 路网空间指标

路网空间指标包括道路网密度、路网各点的可达性、非直线系数等指标,可以反映机动车、非机动车、行人的方便程度,因此也影响到城市交通的人性化水平。

1. 道路网密度。道路网密度是城市内道路长度与城市面积的比值(道路是指铺装的宽度在3.5米以上的路,不包括人行道,下同)。路网密度是一个衡量城市道路网合理性的基本指标,利用它也可确定交通网的使用效率。一般来说,路网密度应当满足这样的要求:一是网的密度应当足够大，以保证有方便地通到运输路线的步行通道；二是为了保证必需的交通运输速度，网的密度不应超过一定限度，因为过密的路网有频繁的交叉路口，会使交通速度大大降低；三是路网密度这个名词在广义上理解应当是经济的，不仅考虑干线街道结构物的直接费用，而且考虑道路运输的营运费用。综合考虑上述三方面，认为大城市道路网密度以 6~8 公里/平方公里为宜，且应从中心向边缘逐渐减小。在计算路网密度时，应扣除居住区内部、独立于道路交通系统之外的道路，将快速路、主次干路和符合要求的支路包括进来。

2. 主干道密度。主干道密度是指城市内主干道长度与城市面积的比值。它是衡量路网构成特征的指标，反映道路交通管理的基础条件，是制定道路交通管理对策的重要参考指标。快速路和主干路在城市交通中起"通"的作用，要求通过车辆快而多。由于我国近半个世纪以来的城市规划在理论上追随了居住小区的模式，导致干道网密度较低，使交通流量过分集中，并由于机动车与非机动车同路行驶，使干道和交叉路口压力过大。2001 年，上海、重庆、天津三城市的主干道密度分别仅为 0.95、1.6、0.99 公里/平方公里，都属于较低水平，严重影响了城市交通的畅通性。从我国的实际情况考虑，大城市主干道密度以 3~5 公里/平方公里为宜，中小城市主干道密度以 2.5~4 公里/平方公里为宜。

3. 人均道路面积。人均道路面积是指平均每个市民拥有的道路面积。与路网密度一样，人均道路面积也是一个同时具有上限与下限的指标。一方面，为了满足人们出行的方便和舒适需求，要求人均道路面积足够大；另一方面，也有经济性和土地资源的限制。从我国现状来看，尽管人均道路用地呈增长趋势，1984~2003 年全国人均城市道路面积从 3.04 平方米提高到 9.34 平方米，但与同期自行车和机动车保有量的增长相比，交通基础设施的增长速度是远远滞后的，处在很低的水平上。基于我国人多地少的状况，人均道路面积进一步增加的潜力是有限的。为了保证城市交通的畅通，一方面要保证人均道路面积达到一个合理的水平；另一方面要积极从交通需求管理方面想办法，从城市土地利用规划、交通结构优化的角度，尽量削减不必要的交通量。

4. 路网各点的可达性。路网各点的可达性表示从城市路网中某一点到达另一节点的难易程度。可达性越强，给城市交通的参与者带来的满足感就越强。路网中某一点的可达性可以用该点到网中所有各点的平均出行时间来表示。

5. 非直线系数。非直线系数是指城市路网两节点间的实际道路长度与两点间直线距离之比；如果以时间或费用为标准，则可表示为两节点间的实际时间或费用与两点直线距离所要消耗的时间或费用之比。整个道路网的非直线系数称为道路网综合非直线系数。综合非直线系数又可以分为静态综合非直线系数和动态综合非直线系数。在进行道路网规划时，应控制静态综合非直线系数或动态综合非直线系数，在地理条件不受制约的城市，非直线系数应控制在1.3以下。

三、生态目标

(一) 大气污染控制目标

衡量城市大气污染程度，可用道路两侧污染物排放平均浓度、干道（交叉路口）污染物排放超标率、尾气污染物排放量、道路交通大气污染饱和度、空气污染指数作为指标。

1. 道路两侧污染物排放平均浓度。道路两侧及交叉路口是城市大气污染物浓度最高的区域。根据已有的交通大气污染物排放预测技术，可以预测出不同道路交通和环境条件下道路两侧的一氧化碳、氮氧化物平均扩散浓度。根据欧洲发达国家的经验，在工业化后期，城市道路交通释放的一氧化碳和氮氧化物分别占城市总排放的80%和60%左右，因此，人性化城市交通应控制道路两侧污染物排放浓度，使其平均值不超过城市大气污染浓度限值的80%和60%。

2. 干道（交叉路口）污染物排放超标率。干道（交叉路口）污染物排放超标率，是指以国家颁布的城市大气污染物一氧化碳、氮氧化物的浓度限值为标准，对干道（交叉路口）污染物排放进行的超标率计算。就城市交通的人性化而言，污染物排放超标率越小越好，理想状态是达到零。

3. 尾气污染物排放量。尾气污染物排放量，是指各种型号汽车所排放的尾气中各种污染物质量的加权平均值，用于评价一定区域内汽车尾气所造成的污染程度。机动车尾气是城市的主要污染源之一，一个因为汽车尾气带来高度污染的城市交通必定不是人性化的。

4. 道路交通大气污染饱和度。道路交通大气污染饱和度是指机动车排放的大气污染总量与城市大气污染允许排放总量的比值，这一指标可以表示整个城市由于道路交通而造成的大气污染严重程度。城市道路交通大气污染排放量小，大气质量良好时，道路交通大气污染饱和度应控制在0.4以下。

5. 空气污染指数。空气污染指数是指根据环境质量标准和各种污染物的生态环境效应及其对人体健康的影响来确定污染指数的分级数值及相应的污染物浓度限值，用于评价一定区域内空气的污染程度，能从环境保护方面评价交通组织优化与管理的水平。2005年，在国家环保总局监测的522个城市中，空气质量达到Ⅰ级的有22个（占4.2%），Ⅱ级的有293个（占56.1%），Ⅲ级的有152个（占29.1%），劣于Ⅲ级的有55个（占10.6%），可见，我国城市空气质量总体水平不高。城市应该通过努力，提高空气质量，提高优良空气质量的时间比例，追求每天都是质量为优的空气等级。

（二）噪声污染控制目标

衡量城市交通的噪声污染程度，可以采用道路交通噪声、干道（交叉路口）交通噪声超标率作为指标。

1. 道路交通噪声。道路交通噪声是城市交通污染的重要组成部分，随着城市车辆的增加，这一问题日益突出。降低道路交通噪声，还人们比较安静的生活空间，是人性化城市交通要追求的目标。

2. 干道（交叉路口）交通噪声超标率。干道（交叉路口）交通噪声超标率是指以干道两侧（交叉路口）交通噪声限值为标准进行的超标率计算，如交通干道两侧（交叉路口）白天噪声不应大于70分贝，夜间不应大于55分贝。从城市交通人性化的角度考虑，干道（交叉路口）交通噪声超标率应越小越好。

四、满意度目标

城市交通的人性化，最终体现在提高交通参与者的满意度，因此，交通参与者对城市交通的满意度直接体现了交通的人性化水平。要提高城市交通的人性化水平，就是要改善城市交通质量，实现其便捷目标、安全目标、生态目标，提高城市交通的管理水平、执法水平，注重城市交通人性化细节，提高交通参与者的满意度。可以对城市交通参与者进行满意度调查，考察其对城市交通是很满意、满意、基本满意，还是一般、不满意、很不满意，然后对各个满意程度赋值，计算出所有受访者满意度分值；或者采取直接打分法，对所有受访者给出的打分进行平均，将满分设为100分，对城市交通的总体满意度越高越好，在理想状态下应达到100分。

第四节 人性化城市交通发展的目标选择

人性化城市交通发展的目标可以设定为交通参与者总效用的最大化。效用（utility）是指人们从某种商品或劳务的消费过程中获得的满足程度，简而言之，就是满意程度或幸福感。引入到城市交通中来，就是指城市交通的参与者对于城市交通的满意程度。而城市交通的人性化就是要使城市交通更符合人的需要，体现对交通参与者的人性关怀，从而提高交通参与者的满意程度。

一、机动车效用分析

机动车效用是机动车使用者对于城市交通的满意度，也就是机动车使用者希望在一个舒适的环境下快速、安全地到达目的地。如果用 V 表示机动车的速度，I_s 表示城市交通的安全指数，I_e 表示城市交通的环境指数，C_1 表示机动车违反交通规则的成本，X 表示影响机动车效用的其他因素，则机动车效用可表示为：

$$U_1 = f(V, I_e, I_s, C_1, X)$$

（一）机动车的速度（V）

速度是城市交通的重要方面。一方面，中国大多数大城市都存在较为严重的城市交通拥堵问题，造成的时间浪费和行车成本巨大。据专家分析，由此导致的直接经济损失可以占到国内生产总值的1%，有的城市甚至达到了10%左右。因此，城市交通的道路阻塞造成了车行速度过慢，降低了机动车的效用 U_1，从而造成总效用 U 的降低。如果采取各种办法提高速度，节约了机动车的行车时间，从而节约时间产生的效益为：

$$B_1 = Q \times C_a \times T_a$$

式中：B_1 为节约时间产生的效益，元/年；Q 为车流量，辆/年；C_a

为机动车每天费用，元/（辆·天）；T_a 为全年节约的机动车行驶时间，天。

显然，节约时间产生的效益越大，带来的总效用越大。

另一方面，超速行驶是城市交通事故的重要原因。如果车行速度 V 过快，容易发生车祸，无论对机动车还是对行人，均是不利的因素，从而降低机动车和行人（非机动车）的效用 U_1、U_2，降低总效用 U。而且，速度对其他因素都会产生重要的影响。

（二）安全指数（I_s）

城市交通的安全问题是所有因素中应最优先考虑的因素，也是中国城市交通存在的突出问题之一。2005 年，全国共发生道路交通事故 450254 起，造成 98738 人死亡、469911 人受伤，直接财产损失 18.8 亿元人民币，机动车驾驶员违法行为是交通事故的主要原因，超速行驶、占道行驶、无证驾驶、酒后驾驶、疲劳驾驶等原因造成的交通死亡事故突出，这其中很大一部分是发生在城市交通道路上的。因此，应当尽力减少交通事故，而减少交通事故不仅可以提高总效用，还可以产生效益。其计算公式为：

$$B_2 = P \times J \times M$$

式中：B_2 为减少交通事故节约的费用，元/年；P 为交通事故平均损失，元/次；J 为减少的交通事故率，次/（辆·公里·年）；M 为车辆行驶量，辆·公里。

显然，B_2 越大，带来的总效用越大。

（三）环境指数（I_e）

由于城市里机动车的大量增加，恶化了城市环境，再考虑其他环境因素，如城市绿化率、清洁程度等，将这些因素综合起来，统一用环境指数 I_e 表示，那么，环境指数 I_e 是影响总效用的又一因素。显然，环境指数 I_e 越高，带给大家的满意度越高，总效用 U 也就越高。

我们可以将影响环境的重点因素放在机动车尾气的排放上，因为在不同的车行速度 V 下，机动车尾气的排放量是不同的。美国国家环保局对大量机动车的测试结果表明，机动车运行速度的变化对污染物的排放量影响很大。北京市研究测试的数据也表明，各类轻型汽车平均速度在 15～45 公里/小时范围内，污染物如碳氢化合物和一氧化碳的排放量随着速度的增加而减少，以 25 公里/小时为基准，当车速下降到 15 公里/小时时，污染物排放量增加 40% 左右;车速上升到 45 公里/小时时,污染物排放量减少约一半。在中国一些大城市,道路车辆拥堵,车流、人流严重混合,交叉干扰,造成机动车经常处于加速、减速、急速的工作状态,加大了环境污染。可见,通过合理的道路规划和管理,使机动车尽可能处在理想的匀速状态下,可以减少排污,实际上也是可以产生收益而提高效用的。其计算公式为:

$$B_3 = \beta \times M_a \times L \times \lambda$$

式中:B_3 为减少机动车污染带来的收益,元/年;β 为机动车减少的排污量,克/辆;M_a 为平均车流量,辆/年;L 为某路段长度,公里;λ 为单位污染造成的损失,元/(克·公里)。

显然,B_3 越大,由此带来的总效用也越大。

二、行人效用分析

和机动车效用类似,行人效用是行人和非机动车对于城市交通的满意度,即行人希望在一个舒适的环境下,安全、快速地到达目的地。由于我国许多城市的交通基础设施,如地下通道、人行天桥等不完善,许多行人需要横穿马路,在成本较低的情况下,他会选择违反交通规则,如横穿马路、闯红灯等,行人速度的增加是以牺牲机动车的速度为代价的。令 V_p 为行人的速度,C_2 为行人违反交通规则的成本,Y 为影响 U_2 的其他因素,考察 U_2:

$$U_2 = f(V, V_p, I_e, I_s, C_2, Y)$$

事实上,政府为了解决行人过街问题,可能选择建设地下通道、隔离岛、人行天桥等,这样一来,建设成本就会提高。当然,当 V_p 较大时,为行人节约了时间,而这些时间是能够产生收益的,产生的收益也增加了总效用,因此也列入因素之一。行人节约时间收益按人流量计算,那么,行人每年节约时间产生的收益为:

$$B_4 = T_p \times Q_p \times b$$

式中:B_4 为节约时间产生的收益,元/年;T_p 为行人节约的时间,小时/(人·次);Q_p 为行人流量,人·次/年;b 为行人的平均时间价值,元/小时。

显然,B_4 越大,带来的总效用越大。

C_2 应该与安全指数是正相关的，即若 C_2 足够大，行人的安全指数很高；在 2004 年 5 月中国新的《道路交通安全法规》实施以后，对于机动车来说，违反交通规则的成本 C_1 大大提高了，而对于行人而言，违反交通规则的成本 C_2 更低了，事实上会对行人的违规造成鼓励效果，使安全性降低。当然，C_1 的提高可能会使机动车的行驶变得更加谨慎，从而提高安全指标，因此，对安全性的影响还要看二者作用的大小。

三、政府效用分析

政府始终是总效用中的重要因素，肩负着交通道路的建设、城市环境的美化以及交通法规的制定和执行，等等，政府还必须考虑城市交通的安全、快速等前文提到的各种因素。只有较好地协调这些因素，才能提高总效用。政府效用可以表示为：

$$U_3 = f(V, V_p, I_e, I_s, C_3, Z)$$

式中：Z 为影响政府效用的其他因素；C_3 为政府为了减少交通事故、提高安全指数、减少污染、美化环境而建设地下通道、立交桥、人行天桥，新修公路，出台法规并实施等一切行为带来的成本。有：

$$C_3 = \sum C_{ij}$$

式中：C_{ij} 为实施上述各单个项目的成本。

显然，如果这种成本过高，对于提高总效用是不利的，也不利于总效用最大化的目标需要。

四、人性化城市交通发展目标

根据以上的分析，我们可以将人性化城市交通发展的目标设定为包括机动车效用、行人效用、政府效用在内的总效用最大化。

（一）影响城市交通总效用的因素之间的关联性分析

在影响城市交通总效用的诸多因素中，很多因素都是互相关联、互相影响的，而且往往对总效用的作用力互相抵消。城市交通中的速度因素是其中关键因素，机动车速度 V 和行人速度 V_p 的提高有利于他们节约时间，产生收益。而当速度较快时，机动车和行人都得以快速到达目的地，这本身就可以让他们产生舒心的感受，这种感受就已经带来了效用的提高；可是速度过快，甚至出现机动车超速驾驶、行人违反交通规则的话，发生交通事故的可能性便提高，反过来降低了安全指数 I_s，从而降低了效用。

从机动车的违规成本 C_1 和行人的违规成本 C_2 来看，如果违规成本很高，谁也不违反交通规则，当然会大大提高安全指数 I_s，提高了效用；可是，这样一来，就有行人和驾驶员抱怨红灯太多，等待时间太长，浪费了时间，降低了速度 V 和 V_p。当然，在交通设施非常完善以及交通管理非常出色的情况下，可能并不会影响速度 V 和 V_p，但是，这样一来，政府的成本就大大提升了，降低了效用。

（二）总效用最大化的条件

由于影响城市交通总效用的各因素的互相影响，不利于建立一个关于其中某单个因素的数理模型以用于对效用最大化的定量分析。但是，可以分别分析各因素对城市交通总效用的影响，这对于决策参考也是颇有裨益的。以城市交通中的机动车速度为例，根据前文的分析，有：

$$U = U_1 + U_2 + U_3$$
$$= f(V, I_e, I_s, C_1, X) + f(V, V_p, I_e, I_s, C_2, Y) + f(V, V_p, I_e, I_s, C_3, Z)$$

在城市交通中，人们为达到畅通的要求，对机动车速度的关注是最多的。为了使 U 最大化，可以以 V 为自变量，等式两边同时对 V 取导数，有：

$$\frac{\partial U}{\partial V} = \frac{\partial U_1}{\partial V} + \frac{\partial U_2}{\partial V} + \frac{\partial U_3}{\partial V} = \frac{\partial f_1}{\partial V} + \frac{\partial f_2}{\partial V} + \frac{\partial f_3}{\partial V}$$

当 $\frac{\partial f_1}{\partial V} + \frac{\partial f_2}{\partial V} + \frac{\partial f_3}{\partial V} = 0$ 时，U 取得最大值。

但是，往往函数 f 的具体表达式是不易建立的，而且函数 f 中的各因素的具体表达式难以确定。在考察城市交通时，应当综合考虑多种影响因素，尤其应当注意各因素之间的关联，才能使城市交通更加便利畅通，更加人性化，才能使大家更加满意，实现城市交通的总效用最大化。

第五节 本章小结

本章在对关于交通发展目标的不同理解的客观分析的基础上，依据建设和谐交通环境、保护城市交通参与者中的弱者、实现城市交通可持续发展的思想，构建了人性化城市交通发展包括人性化城市交通的安全目标、便捷度目标、生态目标和满意度目标的目标体系,将人性化城市交通的目标设定为包含机动车效用、行人效用、政府效用在内的总效用最大化。

第四章 人性化城市交通发展评价

第一节 人性化城市交通发展评价的要点

一、人性化城市交通发展评价的概念

对于人性化城市交通发展评价,国内的研究几乎处于空白,对人性化城市交通发展评价也没有定义。对此,根据前述人性化城市交通发展的概念,评价城市交通的人性化水平,主要是看它在多大程度上满足了人的需要,给人提供了多少便利。

因此,人性化城市交通发展评价,是指通过对某个国家或者地区在某一时间上,城市交通人性化水平的全面而客观的认识,进而考察人性化城市交通的建设与所在区域内各因素互相影响的情况,从而更好地为建设更加人性化的城市交通、在更大程度上满足居民的各种要求服务而进行的一种系统的调查研究和分析评价。

对人性化城市交通发展水平进行评价,具有重大的现实意义。首先是将"人性化"的概念更加深入地引入到城市交通发展中来,在理念上给人们强有力地冲击,使"人性化"更加深入人心。其次是对我国当前城市交通的人性化水平进行客观的测评,明确不足所在,找出未来努力的方向,为建设更加人性化的城市交通服务,这也是构建和谐社会、实现国家和城市的可持续发展的重要内容之一。

二、评价原则

(一)全面与客观

人性化城市交通发展的评价,应当从其各方面的影响因素出发,全面

考察城市交通发展的人性化水平，力求评价能客观地反映现实。在分析论证过程中所依据的数据资料应真实可靠，尽可能体现客观对象的本来面目，得出的评价结论和总结的经验应经得起实践的推敲和检验，要有益于指导将来人性化城市交通的建设工作。

（二）同一与可比

在对同一时间的不同城市、同一城市的不同时间的人性化水平进行评价时，要注意计算方法的一致性，这样得出的结论才具有可比性。

（三）定量与定性分析相结合

定量分析是指对评价指标中能够直接或间接量化的指标进行定量计算和分析，而定性分析是对那些不易量化的间接或无形的影响指标进行分析评价。定性分析内容部分要尽可能客观公正，防止主观片面，应选用一些科学客观的量化方法，将定性指标尽可能定量化。

三、评价内容

（一）安全性

建立人性化的城市交通，安全当然是首先考虑的因素。评价城市交通人性化，安全问题是首要考虑的因素。安全通常用事故次数、死亡人数、受伤人数、直接经济损失等绝对指标表达，这些指标在一定程度上的确可以反映城市交通的安全性，但是，缺乏可比性。

近年来，我国又引进了国际上常用的万车交通事故死亡率、万人交通事故死亡率、交通事故致死率、亿车公里事故率、综合事故率等相对指标，以评价交通量对交通安全的影响。这些相对指标，可综合反映交通工具的先进性、道路状况及交通管理水平等。

（二）便捷性

交通的便捷和畅通是衡量城市交通人性化的另一重要标准。只有便捷畅通的交通，才能让城市交通参与者感觉到舒适和愉悦。当然，城市交通的参与者不仅包括机动车辆，还包括行人与非机动车。因此，在考虑城市交通的便捷和畅通时，除考虑机动车道的畅通性要求外，还要考虑人行道和自行车道等非机动车道的便捷性，其中最主要的还是看机动车的行车速度，应重点考察和机动车通行便捷相关的指标。

评价城市交通便捷性的指标通常有速度指标，如路网平均车速、地点平均车速；时间指标，如交叉路口平均延误、路段平均延误、路口平均等待时间；行程指标，如单车平均出行距离、平均无效出行距离；流量指标，如交通流密度、流率、路网负荷度，等等。

（三）生态性

生态性指的是城市交通对环境的影响。当机动车在公路上行驶时，会产生汽车尾气、噪声、震动等问题，给城市环境带来污染和破坏。而且，随着社会的进步和经济的发展，道路交通流量水平会随之大幅度提高，道路交通的副产品——噪声和汽车尾气对人们的生活环境以及自然生态环境将产生更大的压力。而且，随着社会的进步，社会对减少污染的要求也越来越高。城市交通的建设者和管理者，如果能够尽可能多地建设更加优美宜人的环境，如提高道路绿化水平、降低环境污染等，是可以给交通的参与者更加舒适的感受，这当然也是城市交通人性化的一个方面，而且具有重要的战略意义。对城市交通生态性进行评价的指标通常有污染物排放量、噪声强度、震动强度等。

（四）城市交通参与者的满意度

人性化的城市交通不仅仅要考虑上述三个客观因素，而且必须将交通参与者对于城市交通的总体主观感觉纳入考虑的范围。人的满意，应该是交通发展的首要目标。事实上，前述三个方面水平的提高当然会带来更大的满意度，但是，客观的需要总是与主观的感受有一定的实际差异，在某些情况下甚至是冲突的，比如，为了安全起见，必须对在城市道路上行驶的机动车辆进行限速，如40公里/小时，但是，这对于交通参与者中的司机肯定会带来一定程度上的不满意，这就需要主观指标来补充。

需要指出的是，上述前三类因素均属客观因素，而满意度的评价则属于纯主观的内容。因此可以说，人性化城市交通发展的评价指标主要有主观和客观两大类组成。在下面的具体评价中，也是按照这两方面的因素展开的。

第二节 人性化城市交通发展评价指标体系的构建

一、评价指标体系构建的基本要点

（一）指标设置原则

1. 科学性。指标体系一定要建立在科学的基础上，即指标的选择、指标权重系数的确定、数据的选取、计算与合成必须以公认的科学理论（如统计理论、系统理论、管理与决策科学理论等）为依据，具体指标能够反映人性化城市交通发展内涵或目标的实现程度，这样才能保证评价结果的真实性和客观性。

2. 全面性。所选择的指标应当能够比较全面地反映人性化城市交通发展的水平、能力等各个方面，既不遗漏任何重要的指标，也不要把那些不能反映事物本质的指标纳入进来，简单又比较全面。

3. 可操作性。指标体系应该是简易性与复杂性的统一。过于简单，不能反映评估对象的内涵，对评价结果的精度产生影响；过于复杂则不利于评价工作的正常开展。在保证精度的条件下，指标体系应该难易适中，充分考虑指标量化及数据取得的难易程度和可靠性，尽量利用现有的统计资料和有关规范标准，选择那些有代表性的，反映城市化、现代化的综合指标和主要指标，这样也有利于指标体系的推广。

4. 实际性。所有的科学研究最终是为现实情况服务的，那么，选取的指标也应当最终能够应用到实际中来。对于考量人性化城市交通发展的指标也一样，最终将要在实际中得以应用，在将收集到的数据放入所建立的模型中的时候，应当能够得到具有实际应用意义的结论来指导将来的工作。

5. 可比性。可比性原则反映了评价指标的敏感性程度。所选用的评价指标应具有较高的敏感性，能客观地反映出不同管理方案下所取得的效果的差异，从而为改善城市交通组织与管理水平提供决策支持。对于敏感性程度较低的评价指标，由于其前后变化以及在不同方案中的变化很小，对决策支持意义不大，所以在选用时应尽量避免。同时，由于时间连续性和区域的差异性，我们选取的指标应当既可以比较不同时间指标的变化，

78　人性化城市交通发展研究

也可以在不同地区之间进行同一指标的比较，这样就不仅可以指导不同阶段在发展人性化城市交通中应当做的工作，对于落后国家和地区的人性化城市交通发展也具有方向性的指导意义。

（二）指标体系构建方法

指标体系构建的方法经常采用分析法。分析法是指将人性化城市交通发展的评价总目标按逻辑分类向下划分成若干个不同组成部分或不同侧面，即子目标，再把各子目标逐步细分，形成各级分目标或准则，直到每一个部分都用具体的定量或定性指标来描述和实现。该方法是构造综合评价指标体系最常用、最基本的一种方法，主要有三个基本步骤。

1. 分解总目标。对人性化城市交通发展的评价问题这个概念的外延及内涵做出合理分析，明确其子目标或各侧面的结构，确定评价的总目标及各子目标。

对人性化城市交通发展的评价，首先应该在明确什么是人性化的城市交通、它表现为哪几个方面等问题的基础上，再进行逻辑概念方面的划分。在这里，不妨以从改善安全性、增加便捷能力、减少环境污染、改善交通参与者满意度等几个方面划分人性化城市交通这一基本概念结构。以上概念的划分实际上是把评价总目标分解为各子目标或准则的过程，其分解结构用图4-1来表示。

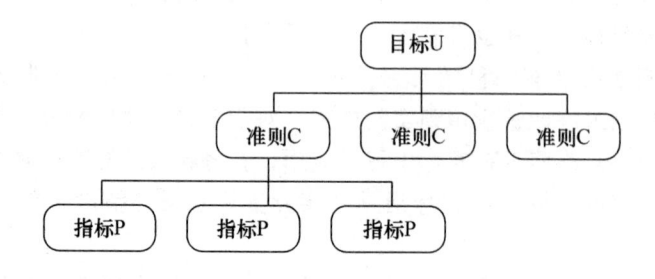

图4-1　人性化城市交通评价指标体系层次结构

2. 对子目标的再分解。对各个子目标或侧面再进行分解，依此类推，直到每一个子目标或侧面都可以直接用明确的指标来表示。

3. 构建指标体系。设计和确定指标层中的各个指标。需要指出的是，最后形成的综合评价指标体系的层次结构应该是树形结构,对于少数个别网状的层次结构,需通过扩充和调整某些子目标的方法使之树形化。另外,层次分析法构建出来的综合评价指标体系,其构成指标一般都能够较好地满足独立性。

(三) 指标体系的测评与完善

一个初建的评价指标体系,在其应用于评价实践之前,应当从科学性、可行性及必要性等方面进行综合测验,进行结构优化,并通过实践的不断检验才能使其逐步臻于完善。评价指标主要通过三个方面进行必要的检测与完善。

1. 全面性和必须性测验。全面性和必须性测验是指检测人性化城市交通的评价指标体系各单项评价指标,在计算内容上是否包含了应该纳入的所有因素和包含了一些不该纳入的一些内容,即通过分析在其他要素不变的情况下,那些应该影响或不应该影响指标计算结果的因素的增加或减少有没有引起该指标值的变化,尽量避免指标的重复和遗漏现象。通过采用定性分析与定量分析相结合的方式检测指标体系中的所有指标,从全局角度看是否都是必不可少的,有无冗余情况,等等。

2. 可操作性测验。可操作性测验是指对评价指标体系各单项指标分别进行时间可行性检测、技术可行性检测和经济可行性检测,即分析评价指标在计算时所需要的原始资料能否及时获得,能否准确获得,能否经济获得。若评价指标在某一方面检测不可行,则必须重新修正其计算公式,如重新确定指标计算内容、界定计算范围等。

3. 协调性测验。协调性测验是指检测整个人性化城市交通的评价指标体系的所有指标在有关计算方法、计算范围上是否保持协调一致,有没有存在相互矛盾的地方。

二、人性化城市交通发展的评价指标

(一) 安全性评价指标

开展道路交通安全性评价问题的研究,建立符合我国国情的科学的评价体系,借以正确评价我国交通安全的总体水平和各地区的交通安全水平,以期制定合理的、科学的安全对策,对于建立现代化、人性化的城市交通体系,具有重要理论价值和现实意义。

我国在城市交通安全宏观管理方面一直沿用事故次数、死亡人数、受伤人数和直接经济损失四项指标。该四项指标对于静态评价某地区，某时期的交通安全是有一定意义的，但是，它没有考虑不同地区交通因素总量的差异，以及同一地区交通因素的变化，因此缺乏可比性。应当从整体出发，立足于事故前、事故中、事故后全过程来分析交通安全评价问题，建立由若干指标构成的相互联系的综合评价指标体系，以做到客观、公正地评价交通安全状况。

城市交通安全性评价指标体系应具备两种功能：一是认识功能。即该指标体系应能使管理部门认识辖区内交通事故的总体规模和危害程度，引起重视。二是激励功能。即管理部门可以根据指标判断辖区内交通事故的发展趋势，本辖区与相关区域之间管理水平上的差距，激励管理部门寻求改善管理的途径，以求建立更加安全的城市交通体系，最大限度地提高出行车辆和行人的满意度。

根据评价指标的功能分析和交通因素的系统分析，道路交通安全性综合评价指标体系应包括事故总量指标（也称事故绝对量指标）、事故率指标（通常称它为相对指标）和管理水平指标三类。前两类指标是向管理部门提供认识功能，而第三类指标则主要是提供激励功能。三类指标是一个相互联系的整体，是进行事故宏观分析和宏观管理的依据。其中，总量指标虽然是比较粗略的指标，但它是一切其他指标的数据基础。

总量指标虽能反映某地、某时交通事故的总体规模和危害程度，但该指标系列忽略了交通因素（人、车、路）总量的影响，对于异地、异时的交通安全状况缺乏可比性。根据2003年的数据，我国道路交通事故的总次数是美国、日本、德国的两倍左右，但是，根据万车事故率统计，我国交通事故率竟是美国、日本、德国之和的10倍，可见，用事故率指标显然更科学更具有可比性。这样看来，相对于国外，国内人们出行的安全感、满意度还远远不够，还有很大的提高空间。

交通事故率指标包括事故强度指标、交通个体事故（率）指标和事故严重程度指标。事故强度指标是在统计周期内，用事故总量与交通因素总量之比描述的相对统计量。其中考虑单一交通因素影响的，称为单项事故率；而考虑交通因素综合影响的事故强度称为综合事故率。

安全性评价指标体系的结构如图4-2所示。

第四章　人性化城市交通发展评价

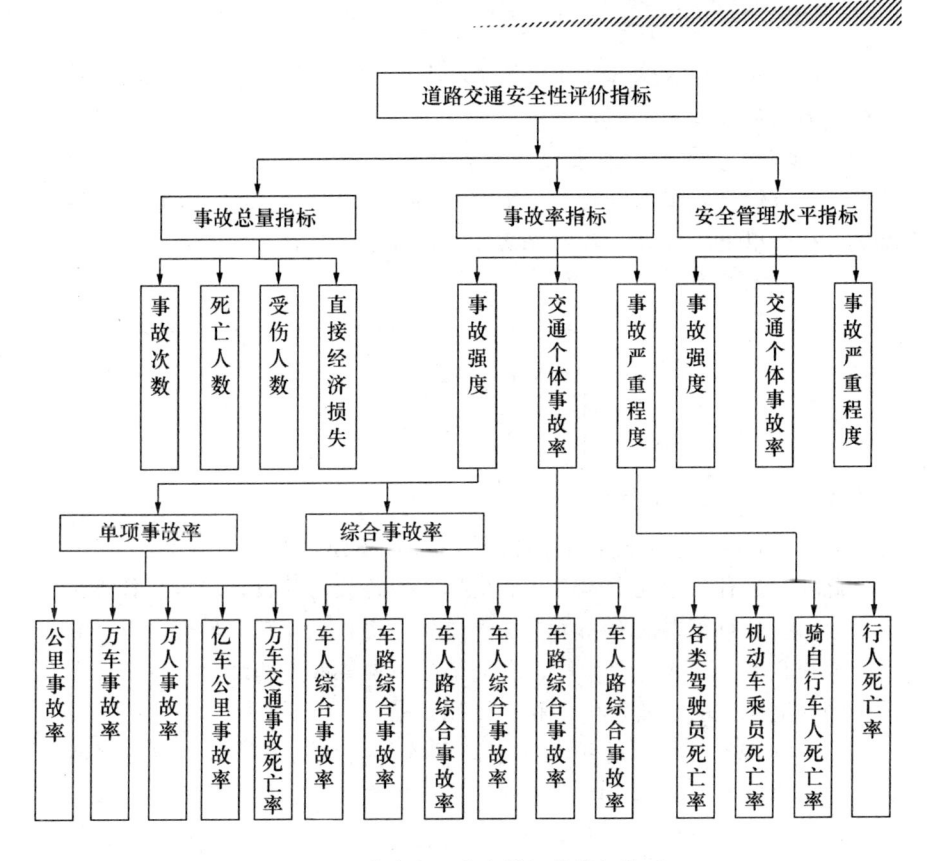

图4-2　道路交通安全性评价指标体系

1. 事故总量指标。事故总量指标即事故次数、死亡人数、受伤人数和直接经济损失四项指标（1、2、3、4 = m）。这四项指标均是绝对量，是某地区（1，2，3，…，n）、某时期（通常为一年）相应绝对量的总和，可以直观地、粗略地反映统计区域该时期内交通事故的总体规模和危害程度。

如果用 A 表示全部4项指标总体，则有：

$$A = \begin{bmatrix} a_{11} & a_{12} & \cdots & a_{1n} \\ a_{21} & a_{22} & \cdots & a_{2n} \\ \vdots & \vdots & & \vdots \\ a_{m1} & a_{m2} & \cdots & a_{mn} \end{bmatrix}$$

式中：$m=4$，a_{ij} 表示 j 地区第 i 项指标的绝对量；各地区第 i 项指标绝对量的总和 $A_i = \{a_{i1}\quad a_{i2}\quad a_{i3}\quad \cdots,\quad a_{in}\}$。

2. 单项事故率。单项事故率是各事故总量与各交通因素总量之比。例如，每万辆注册车辆事故率，每10万人口事故率，每百万辆车事故率，每亿运行公里事故率等。若用 R 表示单项事故率总体，则有：

$$R = \begin{bmatrix} r_{11} & r_{12} & r_{13} & \cdots & r_{1n} \\ r_{21} & r_{22} & r_{23} & \cdots & r_{2n} \\ r_{31} & r_{32} & r_{33} & \cdots & r_{3n} \\ \vdots & \vdots & \vdots & & \vdots \\ r_{m1} & r_{m2} & r_{m3} & \cdots & r_{mn} \end{bmatrix}$$

式中：r_{ij} 表示 j 地区第 i 项指标的相对量，且有 $r_{ij} = a_{ij}/F_{ij}$；a_{ij} 表示 j 地区第 i 项指标总量；F_{ij} 表示 j 地区第 i 项因素总量。

此外，还有按交通个体考察的指标，如各类驾驶员事故率、各类机动车事故率、自行车事故率和各类驾驶员死亡率、机动车乘员死亡率、骑自行车人死亡率、行人死亡率等，它们都是单项事故率的细化，分别用于统计不同交通个体的事故发生率和事故死亡率。

（1）公里事故率。公里事故率即平均每公里的事故数，也称事故频数。由于将公路长度作为考虑因素，使事故次数更具有可比性，是仅次于事故次数的基础指标，用于反映城市交通安全事故的发生频度。其计算公式为：

$$P = D/L$$

式中：P 为公里事故率，次/公里；D 为某一里程上的事故数，次；L 为该段里程的长度，公里。

（2）万车事故率。万车事故率是指城市平均每万辆机动车年交通事故次数。用于反映城市交通安全设施建设和道路安全管理效果。其计算公式为：

$$P = D/N$$

式中：P 为万车事故率；D 为某城市某段时间内的交通事故次数，次；N 为某城市机动车保有量，万辆。

（3）万人事故率。万人事故率是指城市按人口平均的交通事故数（含死亡人数、受伤人数、直接经济损失）。城市平均每万辆机动车年交通事故次数。用于反映城市交通事故的人身伤害程度。其计算公式为：

$$P = D/A$$

式中：P 为每万人交通事故率；D 为事故数量，次；A 为城市人口总数，万人。

（4）亿车公里事故率。亿车公里事故率是指城市按所有机动车行驶一年的公里数总和平均的交通事故数（或伤亡人数）。用于反映城市交通运行状态下的事故程度。其计算公式为：

$$P = D/R$$

式中：P 为一年间每亿车公里事故数；D 为城市一年内发生的事故，次；R 为城市一年内总运行车公里数。

（5）万车交通事故死亡率。万车交通事故死亡率是指平均每万辆机动车所发生的交通事故死亡人数。用于描述交通事故的惨烈程度。其计算公式为：

$$P = D/N$$

式中：P 为万车事故死亡率，人/万辆；D 为某城市某段时间内由交通事故引起的死亡总人数，人；N 为某城市机动车保有量，万辆。

3. 综合事故率。综合事故率是考虑交通因素中人、车、路综合影响的指标。包括车辆—人口综合事故率、车辆—道路综合事故率和车辆—道路—人口综合事故率。各综合指标中均包含车辆因素，因为在发生的事故中，绝大多数都有车辆的原因。用 K 表示综合事故率总体，则有：

$$K = \begin{bmatrix} k_{11} & k_{12} & \cdots & k_{1n} \\ k_{21} & k_{22} & \cdots & k_{2n} \\ \vdots & \vdots & \vdots & \vdots \\ k_{m1} & k_{m2} & \cdots & k_{mn} \end{bmatrix}$$

式中：K_{ij} 为 j 地区第 i 项事故率指标。

用 K_{VP}、K_{VL}、K_{VLP} 分别表示车辆—人口、车辆—道路、车辆—道路—人口事故率，可用经验公式计算如下：

$$K_{VP} = \frac{D_e}{\sqrt{P \cdot V_e}} \times 10^4$$

$$K_{VL} = \frac{D_e}{\sqrt{V_e \cdot L_e}} \times 10^4$$

$$K_{VLP} = \frac{D_e}{\sqrt{V_e \cdot L_e \cdot P}} \times 10^4$$

式中：D_e 为当量死亡人数，是重伤、轻伤人数折算成死亡人数后的加权平均和；V_e 为当量机动车数，是各种车辆折算成标准汽车的加权平均和；L_e 为当量道路里程，考虑地理条件修正系数 α 和道路级别修正系数 β 后的道路里程；P 为统计区人口数。

在综合事故率指标的计算中，由于各因素量纲不同，物理意义不清楚，而且将人、车、路各因素加权处理，其合理性很值得研究，所以，综合事故率仅在补充分析时使用。

4. 经济损失指标。交通事故直接经济损失是指平均在每起交通事故中产生的直接经济损失。用于通过财产损失描述交通事故的严重程度。其计算公式为：

$$P = S/D$$

式中：P 为每起交通事故的平均财产损失，元/次；S 为某城市某段时间内由交通事故引起的总的财产损失，元；D 为某城市某段时间内的交通事故总数，次。

（二）便捷性评价指标

人性化的城市交通当然要考虑交通参与者的出行便捷性，包括机动车和行人的便捷性都是考虑的范围。反映便捷性常用的指标有速度指标（如路网平均车速、地点平均车速）、时间指标（如交叉口平均延误、路段平均延误、路口平均等待时间）、行程指标（如单车平均出行距离、平均无效出行距离）、流量指标（如交通流密度、流率、路网负荷度）等。下面我们将选出几组有代表性的指标进行描述，其余指标可以进行类似的处理。

1. 机动车行车速度指标。机动车的行车速度是车辆运营效率的一项重要指标，对交通迅捷、经济、舒适、安全具有重要意义。由于平均数常常是表示数据集中特性的数值，所以，这里的车速选用两个平均值，即时间平均车速和区间平均车速。我国的《城市道路交通规划设计规范》规定，人口超过200万人的大城市快速路的机动车设计速度为80公里/小时，主干道机动车设计速度为60公里/小时。《道路交通安全法实施条例》规定，在城市没有限速标志、标线的道路上，没有道路中心线的，限速30公里/小时；同方向只有1条机动车道的，限速50公里/小时。在确保安全和非机动车及行人通行权利的情况下，较快的机动车速度能提高城市运转效率和机动车使用者的满意度。在评价一个交通系统的运行状况时，速度这一指标是不可缺少的，它反映了道路使用者对快速性的要求，更大程度地满足出行者对速度的要求，可以极大地提高人们对城市交通的满意度。

（1）时间平均车速。时间平均车速是指在单位时间内测得通过道路某断面各车辆的地点车速的算术平均值。用于通过断面的时间平均车速反映交通畅通程度。其计算公式为：

$$\overline{V}_t = \frac{1}{n} \sum_{i=1}^{n} V_i$$

式中：$\overline{V}_t$ 为时间平均车速，公里/小时；V_i 为第 i 辆车的地点车速，公里/小时；n 为单位时间内观测到车辆总数。

（2）区间平均车速。区间平均车速是指在某一特定瞬间，行驶于道路某一特定长度内的全部车辆的车速分布的平均值。用于通过路段车速观测值的调和平均数反映交通畅通程度。其计算公式为：

$$\overline{V}_s = \frac{1}{\frac{1}{n}\sum_{i=1}^{n}\frac{1}{v_i}} = \frac{ns}{\sum_{i=1}^{n} t_i}$$

式中：$\overline{V}_s$ 为区间平均车速，米/秒；s 为路段长度，米；t_i 为第 i 辆车的行驶时间，秒；n 为行驶于路段的车次数；v_i 为第 i 辆车行驶速度，米/秒。

（3）路网平均车速。路网平均车速是指城市一定路网区域内机动车的平均行驶速度。用于通过路网平均车速反映一定区域内城市交通的总体机动性。其计算公式为：

$$P = L/T$$

式中：P 为路网平均车速，公里/小时；L 为路网长度，公里；T 为机动车在路网运行时间，小时。

（4）主干道平均车速。主干道平均车速是指城市建成区主干道上机动车的平均行驶速度。用于评价一定区域内城市交通的总体机动性。其计算公式为：

$$P = L/T$$

式中：P 为主干道平均车速，公里/小时；L 为主干道公里数；T 为机动车运行小时数。

(5) 交叉路口等待时间。交叉路口等待时间是指信号交叉路口各流向所有车辆等待时间的加权平均值。用于评价交叉路口运行质量。这一指标其实对于机动车和非机动车及行人都是适用的，但是，从指标的计算方面来看，通过测算机动车来实现对指标的计算更加便利。其计算公式为：

$$\overline{W} = \sum_{i=1}^{n} \omega_i W_i$$

式中：W_i 为第 i 个流向的平均等待时间，秒；ω_i 为第 i 个流向的权重，根据相交道路的等级和功能来确定；n 为交叉口的交通流流向数。

(6) 平均行车延误。平均行车延误是指主、次干道行车延误与行驶里程的比值。用于评价路网的整体性能和城市交通管理的效率及水平。其计算公式为：

$$P = (T - L/V)/L$$

式中：P 为平均行车延误时间，秒/公里；L 为道路长度，公里；T 为实际行车时间，秒；V 为该路段设计速度，公里/小时。

(7) 单车平均出行时间。单车平均出行时间，是指一定的路网范围内的车辆完成一次出行所花费的行程时间平均值。用于评价路网的可达性。其计算公式为：

$$P = T/n$$

式中：P 为单车平均出行时间，小时/次；T 为路网总车小时数；n 为路网车辆出行车次数。

2. 交通通达性指标。

(1) 道路网密度。道路网密度是指城市道路长度与面积的比值。用于评价城市道路的供应水平。其计算公式为：

$$P = L/S$$

式中：P 为道路网密度，公里/平方公里；L 为道路长度，公里；S 为城市面积。

(2) 人均道路面积。人均道路面积是指城市拥有的道路面积与城市人口的比值。用于评价城市道路的供应水平。其计算公式为：

$$P = S/A$$

式中：P 为人均道路面积，平方米/人；S 为道路面积，平方米；A 为城市人口，人。

(3) 路网各点的可达性。路网各点的可达性指的是从城市中某一点到达另一节点的难易程度。用于评价城市道路的方便水平。其计算公式为：

$$\overline{T_i} = \sum_{j=1}^{n} t_{ij}/n$$

$$\overline{D_i} = \sum_{j=1}^{n} D_i/n$$

式中：n 为路网总节点数；$\overline{T_i}$ 为该点到网中所有各点的平均出行时间；$\overline{D_i}$ 为该点到网中所有各点的平均出行距离。

(4) 非直线系数。非直线系数是指城市中两节点间的实际道路长度与两点间直线距离的比值。用于评价城市道路的方便程度。其计算公式为：

$$R_S = 2 \sum_{i=1}^{N} \sum_{j=i+1}^{N} R_{ij}/N(N-1)$$

$$R_D = 2 \sum_{i=1}^{N} \sum_{j=i+1}^{N} R_{ij}T_{ij} / \sum_{i=1}^{N} \sum_{j=i+1}^{N} T_{ij}$$

式中：R_S、R_D 分别为静态综合非直线系数和动态综合非直线系数；R_{ij} 为 i、j 两区间的非直线系数；T_{ij} 为由 i 区到 j 区的 OD 量；N 为交通小区数量。

3. 行人与非机动车方便性指标。

(1) 人均人行道路面积。人均人行道路面积是指城市拥有的人行道路面积与城市人口的比值，用于评价城市人行道路的供应水平。其计算公式为：

$$P = S/A$$

式中：P 为人均人行道路面积，平方米/人；S 为人行道路面积，平方米；A 为城市人口，人。

(2) 自行车负荷系数。自行车负荷系数是指所评定路段高峰小时自行车交通量与该路通行能力的比值，用于评价自行车的通行水平。其计算公式为：
$$X = N/C$$

式中：X 为自行车负荷系数；N 为路段上高峰小时自行车交通量，辆/小时；C 为路段上自行车的通行能力，辆/小时。

（3）自行车速度比例系数。自行车速度比例系数是指实际状态下自行车骑行速度与自由状态（理想状态）下骑车人实际选择的舒适理想的行车速度的比值。用于评价骑自行车的舒适水平。其计算公式为：
$$Y = V_s/V_m$$

式中：Y 为自行车速度比例系数；V_s 为实际状态下的骑行速度，公里/小时；V_m 为理想条件下骑行者所选择的速度，公里/小时。

（三）生态性评价指标

城市交通对环境的影响，主要是指机动车在道路上行驶时，所产生的汽车尾气、噪声、震动等，给城市环境带来了污染和破坏，同时也降低了交通参与者的舒适度和满意度。对城市交通生态性评价的指标主要是反映污染物排放量、噪声、震动强度等方面的指标。

1. 大气污染指标。环境保护是当今世界的重要课题，而机动车尾气又是城市的主要污染源之一，可以想象，一个因为汽车尾气带来高度污染的城市交通必定不是人性化的，也不利于城市的可持续发展。2005 年，全国机动车保有量保持高速增长，汽车、摩托车保有量分别超过 4300 万辆和 9400 万辆，比 2004 年增长 20.6% 和 23.6%，机动车污染日益突出，成为影响城市空气质量的重要因素。

（1）空气污染指数。空气污染指数是指根据环境质量标准和各种污染物的生态环境效应及其对人体健康的影响来确定污染指数的分级数值及相应的污染物浓度限值。用于评价一定区域内空气的污染程度。其计算公式为：
$$API = \text{Max}\ (I_1, I_2, \cdots, I_i, \cdots, I_n)$$

式中：I_i 为第 i 种污染物的浓度指数。

（2）道路两侧污染物排放平均浓度。道路两侧污染物排放平均浓度是指根据交通大气污染物排放预测技术预测出的不同道路交通和环境条件下道路两侧的一氧化碳、氮氧化物平均扩散浓度。用于评价城市道路的空气污染程度。其计算公式为：

$$\overline{C_{CO}} = \sum_{i=1}^{n} C_{CO_i} \times L_i / \sum_{i=1}^{n} L_i$$

$$\overline{C_{NO_X}} = \sum_{i=1}^{n} C_{NO_{Xi}} \times L_i / \sum_{i=1}^{n} L_i$$

式中：$\overline{C_{CO}}$、$\overline{C_{NO_X}}$ 为一氧化碳、氮氧化物的平均扩散浓度，毫克/立方米；C_{CO_i}、$C_{NO_{Xi}}$ 为第 i 条干道的一氧化碳、氮氧化物平均扩散浓度，毫克/立方米；L_i 为第 i 条干道里程，公里；n 为干道条数。

（3）干道（交叉口）污染物排放超标率。干道（交叉口）污染物排放超标率，是指城市中超过国家颁布的城市大气污染物一氧化碳、氮氧化物的浓度限值标准的干道（交叉口）数与城市总的干道（交叉口）数的比值，用于评价城市干道（交叉口）的空气污染程度。其计算公式为：

$$P = \frac{污染物排放超标干道总里程（交叉口总数）}{干道总里程（交叉口总数）} \times 100\%$$

（4）尾气污染物排放量。尾气污染物排放量是指城市中各种型号汽车所排放的尾气中各种污染物质量的加权平均值。用于评价城市中机动车尾气所造成的污染程度。其计算公式为：

$$P = \sum \omega_i f(V_i)$$

式中：$f(V_i)$ 为第 i 种车型对应速度 V 的尾气污染物排放量函数；ω_i 为第 i 种车型的权重在车流中的比重；V_i 为第 i 种车型的平均速度。

（5）道路交通大气污染饱和度。道路交通大气污染饱和度是指机动车排放的大气污染总量与城市大气污染允许排放总量的比值，用于评价整个城市由于道路交通而造成的大气污染严重程度。其计算公式为：

$$S = V_a / C_a$$

式中：V_a 为机动车排放的大气污染物总量，毫克；C_a 为控制时间内城市污染物允许排放总量，毫克。

而在该公式中，城市道路网络 i 级服务水平条件下机动车排放的大气污染物总量 V_a 可表示为：

$$V_a = E_i^P \times \overline{L} \times N$$

式中：V_a 为机动车排放的大气污染物总量，毫克；E_i^P 为城市道路 i 级服务水平条件下当量小汽车 P 类污染物综合排放因子（毫克/辆·公里）；$\overline{L}$ 为当量小汽车日均运行里程，公里；N 为当量小汽车总量，辆。

而控制时间 T 内城市污染物允许排放总量 C_a 可表示为：
$$C_a = q \times s \times T$$

式中：C_a 为控制时间 T 内城市污染物允许排放总量，毫克；q 为源强，毫克/平方米·秒；s 为城区面积，平方米；T 为控制周期时长，一般取一天进行计算。

其中，q 的简化计算公式为：
$$q = (C_s \times u \times h_i)/\sqrt{s}$$

式中：C_s 为污染物地面浓度限值，毫克/立方米；u 为城市主导风速，米/秒；h 为城市混合层高度，米。

2. 噪声污染指标。城市交通带来的噪声污染是城市污染的重要组成部分，随着城市车辆的增加，这一问题有越来越严重的趋势，部分城市在城区采取了禁止鸣笛的措施，就是要降低其带来的污染。

（1）干道（交叉路口）交通噪声超标率。干道（交叉路口）交通噪声超标率是指以干道两侧（交叉路口）交通噪声限值为标准，如交通干道两侧（交叉路口）白天噪声不大于 70 分贝，夜间不大于 55 分贝，城市中超过限值标准的干道里程（交叉路口）数与城市总的干道里程（交叉路口）数的比值。用于评价城市干道（交叉路口）的噪声污染程度。其计算公式为：

$$P = \frac{噪声超标干道里程（交叉路口）总数}{干道里程（交叉路口）总数} \times 100\%$$

（2）道路交通噪声长度加权平均等效声级。道路交通噪声长度加权平均等效声级是指城市内经认证的交通各路段监测数据，按其长度加权的等效声级平均值。用于评价城市的噪声污染程度。其计算公式为：

$$L_{Aeq} = 10 \lg \left[\sum_{j=1}^{m} \sum_{i=1}^{n} \left(\frac{\theta_{ij}}{R_j v_{ij}} \times 10^{0.1/w_{ij}} \right) \right] - 33$$

$$L'_{Aeq} = L_{Aeq} + 10 \lg \frac{\theta}{\pi}$$

式中：L_{Aeq} 为无限长道路旁 P 点处等效声级，分贝；L'_{Aeq} 为有限长道路旁 P 点处等效声级，分贝；m 为车道数，条；n 为车型数；θ_{ij} 为第 j 车道 i 类车流量，辆/小时；R_j 为第 j 车道到测试点距离，公里；w_{ij} 为第 j 车道 i 类车平均车速，公里/小时；L_{Aeq} 为第 j 车道 i 类车平均等效声级，分贝；θ 为测试点 P 对有限长道路的张角。

(四) 满意度评价指标

在第三章，我们试图从交通参与者的角度出发进行城市交通的满意度分析，但是，在考察城市交通时，却发现，各因素之间的关联十分紧密而且复杂，必须综合考虑多种影响因素，效用（即满意度）函数的具体表达式不易建立，而且函数中的各因素的具体表达式难以确定，这使得从交通参与者的角度出发进行的分析难以得到具体结果。

由于这些指标是纯主观的指标，没有成熟的模型进行分析，在收集数据时将采用问卷调查的方法，就交通参与者分别对安全性、便捷性、生态性、城市交通的管理水平、执法水平、城市交通人性化细节等方面的满意度分别进行问卷调查。在数据的处理上，可以将交通参与者的满意度分为很满意、满意、基本满意、一般、不满意五档，分别打分如表 4-7 所示。

计算时采取加权平均的方法，其计算公式为：

$$P = \frac{\sum P_i \times N_i}{N} = \frac{A \times N_1 + B \times N_2 + C \times N_3 + D \times N_4 + E \times N_5}{N_1 + N_2 + N_3 + N_4 + N_5}$$

也可以采取直接打分的方法，以 100 分为满分，请交通参与者分别对安全性的满意度、对便捷性的满意度、对生态性的满意度等方面来打分，计算时采取简单直接平均的办法，其计算方法为：

$$P = \frac{\sum_{i=0}^{n} p}{n}$$

式中：P 为各指标得分；p 为每个参与调查者的给分情况；n 表示参与调查的人数。

三、人性化城市交通发展评价指标体系

现在首先面临的问题是从上述众多的指标中间选取具有代表性意义的指标来对城市交通的人性化进行评价，对此，我们采用德尔菲法选取代表指标。

德尔菲法，是以古希腊城市德尔菲命名的规定程序专家调查法。它是由组织者就拟定的问题设计调查表，通过函件分别向选定的专家组成员征询调查，按照规定程序，专家组成员之间通过组织者的反馈材料匿名地交

流意见，通过几轮征询和反馈，专家们的意见逐渐集中，最后获得具有统计意义的专家集体判断结果。它是一种主观、定性的方法，不仅可以用于预测领域，而且可以广泛应用于各种评价指标体系的建立和具体指标的确定过程。

德尔菲法本质上是一种反馈匿名函询法，其基本原理是以调查征询的形式向选定的专家提出一系列问题，并汇总整理专家意见。每完成一次提问和回答的过程称为一轮，将上轮咨询所得意见的一致程度和各位专家的不同观点等信息，匿名反馈给每一位专家，再次征询意见。如此反复多次，使意见趋于一致。它是一种利用函询形式的集体匿名思想交流过程。它有区别于其他专家预测方法的三个明显的特点，使其成为征求和提炼专家群体意见的一种有效方法。

其一，匿名性。从事预测的专家是在完全匿名的情况下交流思想的，因而消除了专家之间的心理影响，做到充分自由地发表意见。

其二，多次有控制的反馈。小组成员的交流是通过回答组织者的问题来实现的。它一般要经过若干轮反馈才能完成预测。

其三，小组的统计回答。预测结果不仅要反映多数人的观点，也要表示出小组的不同意见的状况。在最后一轮，要适当集结每个专家的意见，组合成专家群体的集体意见。其具体步骤如图 4-3 所示。

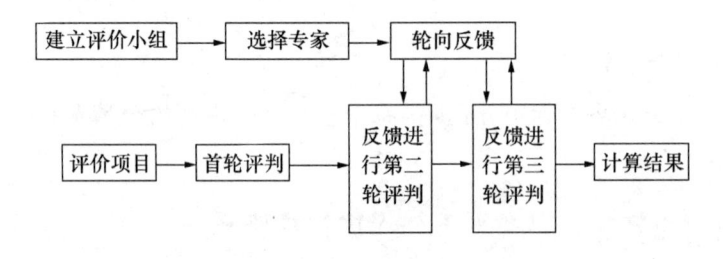

图 4-3 德尔菲法操作程序

（一）指标罗列

首先，要将涉及的指标全部罗列出来，请专家们（20 人）根据自己的经验和知识判断指标的重要性，评价指标的重要等级分为五等，它们分别是很重要、重要、一般、略有点、不重要。对五个重要等级赋予权重，

1 表示"很重要",0.8 表示"重要",0.6 表示"一般",0.4 表示"略有点重要",0.2 表示"不重要",以便定性的东西能做定量的计算。经过整理,我们罗列了如下指标。

1. 反映城市交通的安全性指标。一般有以下两类:

(1) 绝对指标。包括事故次数、死亡人数、受伤人数、交通事故直接经济损失和交通事故折合经济损失。

(2) 相对指标。包括公里事故率、万车事故率、万人事故率、亿车公里事故率、万车交通事故死亡率和综合事故率。

2. 反映城市交通的便捷性指标。一般有以下三类:

(1) 速度指标。包括主干道平均车速、自行车速度比例系数、区间平均车速、路网平均车速、自行车负荷系数和时间平均车速。

(2) 时间指标。包括交叉路口等待时间、平均行车延误和单车平均出行时间。

(3) 道路指标。包括道路网密度、人均道路面积、人均人行道路面积、路网各点可达性和非直线性系数。

3. 反映城市交通的生态性指标。一般有以下两类:

(1) 空气指标。包括污染物排放量、污染物排放浓度、污染物排放超标率、大气污染饱和度和空气污染指数。

(2) 噪声指标。包括交通噪声超标率和噪声强度。

4. 交通参与者对于城市交通满意度指标。

(二) 集中筛选

在指标罗列之后,要将所得结果汇总反馈给专家,请他们再次打分,并且有针对地在每一类指标中重点选出 3~4 个指标,剔除重复意义的指标。并请他们对指标提出自己的看法,是否存在更加科学的指标,等等。并对结果进行计算,这里采用算术平均法操作。其计算公式为:

$$v_i = \frac{1}{m_j} \sum_{i=1}^{m_j} x_{ij}$$

(三) 确定代表指标构成评价系统

在对指标进行筛选后,要将上述过程的结果再次匿名反馈给每一位专家,再次征询意见,使意见趋于一致。最终,根据专家们对反馈的指标的再次评分的结果进行处理,方法与上一步相同。经过以上步骤,我们得到了如图 4-4 所示的指标体系。

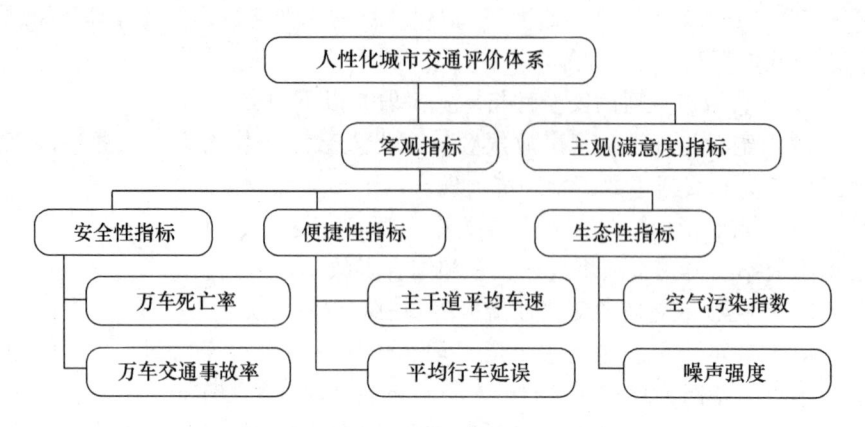

图 4-4 人性化城市交通发展评价系统

第三节 人性化城市交通发展评价指标的量化

在确定了每一个代表指标的计算方法之后，需要确定一个标准来测量代表指标的分值，以便于在实证环节对城市交通的人性化发展水平进行定量计算和比较。对已有的相对权威和较广泛应用的分级评价办法，应予沿用，对目前尚无相对权威和较广泛应用的分级评价办法的，也应根据实际需要予以分析确定。

一、安全性评价指标的量化

（一）万车事故率的分级计算

万车事故率的分级计算情况如表 4-1 所示。

表 4-1　　　　　　　万车事故率分级得分表　　　　　　单位：分

评价等级	优	良	一般	不佳	差
P	30~80	80~120	120~160	160~200	200~320
得分区域	90~100	80~90	70~80	60~70	0~60
计算分	95	85	75	65	50

第四章 人性化城市交通发展评价

(二) 万车交通事故死亡率的分级计算

万车交通事故死亡率的分级计算情况如表4-2所示。

表4-2　　　　　　　万车死亡率的分级得分表　　　　　　　单位：分

评价等级	优	良	一般	不佳	差
P	3~8	8~12	12~16	16~20	20~32
得分区域	90~100	80~90	70~80	60~70	0~60
计算分	95	85	75	65	50

二、便捷性评价指标的量化

(一) 主干道平均车速[①]的分级计算

主干道平均车速的分级计算情况如表4-3所示。

表4-3　　　　主干道平均车速（公里/小时）的分级得分表

评价等级	A	B	C	D	E
特大型和A类城市	28~33	25~28	22~25	19~22	0~19
B类城市	31~36	28~31	25~28	22~25	0~22
C、D类城市	34~39	31~34	28~31	25~28	0~25
得分区域	90~100	80~90	70~80	60~70	0~60
计算分	95	85	75	65	50

表4-3中从A~E的各个等级，反映的是路段交通流由相对自由到稳定到不稳定、驾驶员行为的自由度和方便性由好到差的状态。

---

① 按照实施城市"畅通工程"的方案，城市分类的方法是：北京、上海为特大型城市。其他城市按国内生产总值和人口分类，地级以上城市的国内生产总值和人口统计均不含市辖县，县级市的国内生产总值按全市范围计，人口只计城关镇人口。市区国内生产总值在410亿元以上或市区总人口在200万人以上为A类城市。市区国内生产总值在200亿元以上或市区总人口在50万人以上且市区国内生产总值在140亿元以上为B类城市。市区国内生产总值在70亿元以上或市区总人口在100万人以上且市区国内生产总值不足140亿元的为C类城市。其他为D类城市。

等级 A 反映的是路段的交通运行处于相对自由的交通流状态,驾驶员能够基本不受其他道路使用者的影响,自由选择车速。

等级 B 反映的是一种稳定的交通运行状态,车速开始受到限制,某些驾驶员的行为会对交通流产生细微的影响。

等级 C 反映的是较稳定的交通流,车速和机动性开始受到车流量的较大影响;大多数驾驶员在选择行车速度、改变车道或超车等方面的自由度受到限制。

等级 D 反映的是接近不稳定车流,尚能勉强维持需要的车速,驾驶员操纵自由度已经很小,舒适性和方便性较差。

等级 E 反映的是不稳定车流,行车不畅,交通量已接近或相当于道路的通行能力。

(二) 平均行车延误的分级计算

平均行车延误的分级计算情况如表 4-4 所示。

表 4-4　　　　平均行车延误（秒/公里）分级得分表

评价等级	A	B	C	D	E
特大型和A类城市	50～30	60～50	70～60	80～70	140～80
B类城市	40～20	50～40	60～50	70～60	130～70
C、D类城市	20～0	30～20	40～30	50～40	110～50
得分区域	90～100	80～90	70～80	60～70	0～60
计算分	95	85	75	65	50

三、生态性评价指标的量化

(一) 空气污染指数的分级计算

空气污染指数的分级计算情况如表 4-5 所示。

表4-5　　　　　　　　　空气质量分级得分表

空气质量等级	I	II	III	IV	V
空气质量状况	优	良	一般（轻度污染）	不佳（中度污染）	差（重度污染）
API	0~50	50~100	101~200	201~300	>300
得分区域	90~100	80~90	70~80	60~70	0~60
计算分	95	85	75	65	50

（二）城市交通噪声的分级计算

对城市交通噪声的评价可以将当年全国总体城市交通噪声水平作为基准，将某城市的交通噪声水平与之比较，反映相对的水平。2005年，全国城市道路平均等效声级范围在66.3~72.0分贝之间，道路交通噪声长度加权平均等效声级为68.7分贝。国家环境保护总局公布，全国364个市（镇）中，道路交通噪声平均等效声级小于68.0分贝的有185个；68.0~70.0分贝的有130个；70.0~72.0分贝的有27个；72.0~74.0分贝的有16个；74.0分贝的有6个。在47个重点城市中，道路交通噪声平均等效声级小于68.0分贝的有16个。根据这种分级办法，我们得到如表4-6的分级得分表。

表4-6　　　　　　　　道路交通噪声分级得分表

评价等级	A	B	C	D	E
道路交通噪声长度加权平均等效声级	≤68.0	68.0~70.0	70.0~72.0	72.0~74.0	≥74.0
得分区域	90~100	80~90	70~80	60~70	0~60
计算分	95	85	75	65	50

四、满意度评价指标的量化

在专项的满意度调查中设置五档，按表4-7进行分级计算。

表 4-7　　　　　　　　交通参与者满意度调查得分表

评价等级	A	B	C	D	E
交通参与者评价	很满意	满意	基本满意	一般	不满意
得分区域	90~100	80~90	70~80	60~70	0~60
计算分	95	85	75	65	50

五、城市交通人性化水平量化标准

在数据处理的基础上，我们可以根据计算得到的数据将城市交通人性化水平分优、良、一般、不佳、差五个等级，得到如表 4-8 的分级得分表。

表 4-8　　　　　　　　城市交通人性化水平分级得分表

评价等级	优	良	一般	不佳	差
得分区域	90~100	80~90	70~80	60~70	0~60

第四节　人性化城市交通发展综合评价模型

一、综合评价模型

在得到人性化城市交通发展的评价指标体系后，应明确所采用的评价方法。从评价体系本身构成的特点来看，结果相对简单，可以采用线性加权综合法对城市交通发展的人性化水平进行评价，其模型表达式为：

$$U = \sum (\omega_i \times f_i)$$

各项指标的权重分配记为：

$$\omega = (\omega_1, \omega_2, \cdots, \omega_n)$$

其中，$\omega_i \geq 0$，$\sum_{i=1}^{n} \omega_i = 1$。

式中：U 为综合评价值，即对于人性化的城市交通水平的最后评分结果;ω_i为各指标f相应的权重系数,即指标层指标对于人性化城市交通的重要性或者是贡献度;f为评价指标,分别为万车交通事故死亡率、万车交通事故率、主干道平均车速、平均行车延误、污染物排放量、噪声强度、交通参与者的满意度;n为指标个数。

二、评价指标权重的确定

采用层次分析法确定城市交通人性化各评价指标的权重。

层次分析法(简称 AHP)是美国运筹学家萨提(Satty)于 20 世纪 70 年代中期提出的一种实用的决策方法。其基本过程为:首先将复杂问题分解成递阶层次结构,然后将下一层次的各因素相对于上一层次的各因素进行两两比较判断,构造判断矩阵,通过对判断矩阵的计算,进行层次单排序和一致性检验,最后进行层次总排序,得到各因素的组合权重,并通过排序结果分析和解决问题。它可以对非定量事物做定量分析,对人们的主观判断做出客观描述。运用 AHP 确定权重,大体可分为以下四个步骤:

(一)建立递阶层次结构

建立递阶层次结构是 AHP 中最重要的一步。首先要把问题条理化、层次化,构造出一个层次分析的结构模型。在这个结构模型下,复杂问题被分解为若干元素,这些元素又按其属性分成若干组,形成不同层次。同一层次的元素对下一层次的某些元素起支配作用,同时它又受上一层次元素的支配。在本书中,处在递阶层次结构最顶端的自然就是"人性化城市交通评价体系",这是评价的目标层,往下依次是中间层和指标层,从而建立人性化城市交通水平的评价层次结构。

递阶层次结构中的层次数与问题的复杂程度及需要分析的详尽程度有关,一般可以不受限制。每一层次中各元素所支配的下一层元素一般不要超过 9 个,这是因为,支配的元素过多会给两两比较判断带来困难,在这里则是上文确定的各指标。一个好的层次结构对于解决问题是极为重要的,因而层次结构必须建立在深入分析的基础上。由于在上一部分已经建立了层次结构的评价体系,因此可以直接引用,即图 4 - 4。

由于涉及的指标比较多,我们首先分析客观指标,根据上文确定的人性化城市交通发展评价系统的层次分析,并将准则层的安全性、便捷性、生态性分别以层次分析法赋权重。在这里，我们将准则层的计算步骤都罗列出来，目标层的权重计算步骤完全一样，只列出最后的计算结果。

（二）构造判断矩阵

对于递阶层次结构中各层上的元素可以依次相对于与之有关的上一层元素，进行两两比较，从而建立一系列的判断矩阵。判断矩阵的各元素值 a_{ij} 代表两指标相对于其上一层指标而言，其重要性的比例标度。并且 a_{ij} 具有下述性质：

$$a_{ij} > 0, \quad a_{ij} = 1/a_{ji} \quad (i, j = 1, 2, \cdots, n)$$

判断矩阵的值反映了人们对各因素相对重要性的认识，一般采用 1~9 比例标度对重要性程度赋值。标度及其含义如表 4-9 所示。

表 4-9　　　　　　　　判断矩阵标度及其含义表

标　度	含　义
1	表示两个元素相比，具有同等重要性
3	表示两个元素相比，前者比后者稍微重要
5	表示两个元素相比，前者比后者明显重要
7	表示两个元素相比，前者比后者强烈重要
9	表示两个元素相比，前者比后者极端重要
2、4、6、8	表示上述相邻判断的中间值
倒数	若元素 i 与元素 j 的重要性之比为 a_{ij}，那么元素 j 与元素 i 重要性之比为 $a_{ij} = 1/a_{ji}$

将不同专家的"喜好"水平的量化标度结果进行综合分析处理后，即可得出各评价指标之间相对重要性比较（判断矩阵 A）。

在这里，我们要比较的就是上文确定的各项指标，而其重要性的比较，我们仍然将采用德尔菲法确定的结果来分析。在上述客观指标中，安全性比便捷性要稍微重要，比生态性要明显重要；而便捷性相对于生态性而言稍微重要，因此，可以得到下面的判断结果，如表 4-10 所示。

表4-10　　　　　　　客观中间层指标重要性判断表

	安全性	便捷性	生态性
安全性	1	3	5
便捷性	1/3	1	3
生态性	1/5	1/3	1

由此得到的判断矩阵 A 为：

$$A = \begin{bmatrix} 1 & 3 & 5 \\ 1/3 & 1 & 3 \\ 1/5 & 1/3 & 1 \end{bmatrix}$$

（三）计算单一准则下元素的相对权重并进行一致性检验

设判断矩阵 A 的最大特征根为 λ_{max}，其相应的特征向量为 ω，解判断矩阵 A 的特征根问题：$A\omega = \lambda_{max}\omega$。

所得 ω 经归一化后，即为同一层次相应元素对于上一层次某一因素相对重要性的权重向量。

求解权重的方法很多，这里采用方根法。方根法是求解权系数的一种近似方法。其计算步骤如下：

（1）计算判断矩阵 A 每行各元素的乘积 M_i，即：

$$M_i = \prod_{i=1}^{n} a_{ij} \ (i = 1, 2, \cdots, n)$$

$M_1 = 1 \times 3 \times 5 = 15$

$M_2 = 1/3 \times 1 \times 3 = 1$

$M_3 = 1/5 \times 1/3 \times 1 = 1/15$

（2）计算 M_i 的 n 次方根 $\overline{\omega}_i$。

$\overline{\omega}_i = \sqrt[n]{M_i}$

$\overline{\omega}_1 = \sqrt[3]{15} = 2.4662$

$\overline{\omega}_2 = \sqrt[3]{1} = 1$

$\overline{\omega}_3 = \sqrt[3]{1/15} = 0.4055$

$\sum \overline{\omega} = 2.4662 + 1 + 0.4055 = 3.8717 \ (i = 1, 2, \cdots, n)$

（3）对向量 $\overline{\omega}_r = (\overline{\omega}_1, \overline{\omega}_2, \cdots, \overline{\omega}_n)$ 正归化，即：

$$\overline{\omega}_i = \frac{\overline{\omega}_i}{\sum_{j=1}^{N} \overline{\omega}_j}$$

$$\omega_1 = \frac{\overline{\omega}_1}{\sum \overline{\omega}} = 2.4662/3.8717 = 0.6370$$

$$\omega_2 = \frac{\overline{\omega}_2}{\sum \overline{\omega}} = 1/3.8717 = 0.2583$$

$$\omega_3 = \frac{\overline{\omega}_3}{\sum \overline{\omega}} = 0.4055/3.8717 = 0.1047$$

$$(A\omega)_1 = 1 \times 0.6370 + 3 \times 0.2583 + 5 \times 0.1047 = 1.9354$$
$$(A\omega)_2 = 1/3 \times 0.6370 + 1 \times 0.2583 + 3 \times 0.1047 = 0.7847$$
$$(A\omega)_3 = 1/5 \times 0.6370 + 1/3 \times 0.2583 + 1 \times 0.1047 = 0.3182$$

（4）计算判断矩阵 A 的最大特征根 λ_{max}。

$$\lambda_{max} = \sum_{i=1}^{m} \frac{(A\omega)_i}{n\omega_i} = \frac{(A\omega)_1}{3 \times \omega_1} + \frac{(A\omega)_2}{3 \times \omega_3} + \frac{(A\omega)_3}{3 \times \omega_3}$$
$$= \frac{1.9354}{3 \times 0.6370} + \frac{0.7847}{3 \times 0.2583} + \frac{0.3182}{3 \times 0.1047}$$
$$= 3.3086$$

式中：$(A\omega)_i$ 为 $A\omega$ 的第 i 个元素。

由于客观事物的复杂性以及人们对事物认识的模糊性和多样性，所给出的判断矩阵不可能完全保持一致，有必要进行一致性检验，计算一致性指标：

$$CI = \frac{\lambda_{max} - n}{n - 1}$$

式中：n 为判断矩阵阶数。

若随机一致性比率 $CR = CI/RI < 0.10$，则判断矩阵具有满意的一致性，否则即开始对于各指标重要性的判断有误，需要调整判断矩阵的元素取值，直到具有满意的一致性。随机一致性指标 RI 取值见表 4-11。

在此，$CI = \frac{\lambda_{max} - n}{n - 1} = \frac{3.0386 - 3}{3 - 1} = 0.0193$

表 4-11　　　　　　　平均随机一致性指标 RI 取值表

n	1	2	3	4	5	6	7	8	9	10
RI	0.00	0.00	0.58	0.90	1.12	1.24	1.32	1.41	1.45	1.49

其随机一致性比率为：

$$CR = CI/RI = 0.02/0.58 = 0.03 \leqslant 0.1$$

表明判断矩阵具有满意的一致性。也就说明在人性化城市交通的发展评价中，安全性、便捷性、生态性的权重（即准则层 C 对目标层 U 的权重）分别为：

$$\omega_c^u = (0.6370, 0.2583, 0.1047)$$

（四）计算组合权重及一致性检验

计算组合权重是指计算同一层次所有因素对于最高层因素相对重要性的权重。即最底层的指标对于人性化城市交通水平而言，其重要性如何，所占权重为多少。

而对于准则层与指标层的权重判断，也是先需要构建判断矩阵，专家们的判断结果为：万车交通事故死亡率比万车交通事故率要稍微重要；主干道平均车速和平均行车延误重要性一致；空气污染指数比噪声强度稍微重要，因此，判断矩阵分别为：

$$B_1 = \begin{bmatrix} 1 & 3 \\ 1/3 & 1 \end{bmatrix}; \quad B_2 = \begin{bmatrix} 1 & 1 \\ 1 & 1 \end{bmatrix}; \quad B_3 = \begin{bmatrix} 1 & 3 \\ 1/3 & 1 \end{bmatrix}$$

经计算，其权重分别为：

$b_1 = (0.75, 0.25); \quad b_2 = (0.5, 0.5); \quad b_3 = (0.75, 0.25)$

在进行单一的一致性检验后，确认判断矩阵具有满意的一致性。那么，指标层 P 对于目标层的组合权重矩阵为：

$$\omega_P^U = \omega_C^U \times \omega_P^C = (0.6370, 0.2583, 0.1047) \times \begin{bmatrix} 0.75 & 0.25 & & & & \\ & & 0.5 & 0.5 & & \\ & & & & 0.75 & 0.25 \end{bmatrix}$$

$= (0.4775, 0.1593, 0.1292, 0.1292, 0.0785, 0.0262)$

$\approx (0.47, 0.16, 0.13, 0.13, 0.08, 0.03)$

还需要进行递阶层次组合判断的一致性检验，若准则层对于目标层的层次单排序一致性指标为 CI_j，相应的平均随机一致性指标为 RI_j，则准则层随机一致性比率为：

$$CR = \frac{\sum_{j=1}^{n} a_j CI_j}{\sum_{j=1}^{m} a_j RI_j} = 0 < 0.1$$

说明组合判断具有满意的一致性。综上所述，各项评价指标即万车交通事故死亡率、万车交通事故率、主干道平均车速、平均行车延误、空气污染指数、噪声强度等指标在客观评价体系中的权重分别如下：

$$\omega = (0.47, 0.16, 0.13, 0.13, 0.08, 0.03)$$

而根据德尔菲法的结论，客观指标相对于主观指标而言仍然是比较重要的，因此，其判断矩阵为：

$$B_4 = \begin{bmatrix} 3 & 1 \\ 1 & 3 \end{bmatrix}$$

从而计算并进行一致性检验，得到的客观指标与主观指标权重为：

$$b_4 = (0.75, 0.25)$$

最后，再进行指标层对目标层的总权重计算，得到：

$$\omega = (0.35, 0.12, 0.10, 0.10, 0.06, 0.02, 0.25)$$

进行一致性检验，判断具有满意的一致性。

三、评价模型中各指标值的确定

根据以上的计算可得，人性化城市交通发展水平的评价模型为：

$$U = \sum (\omega_i \times f_i)$$
$$= 0.35 \times f_1 + 0.12 \times f_2 + 0.1 \times f_3 + 0.1 \times f_4 + 0.06 \times f_5 + 0.02 \times f_6 + 0.25 \times f_7$$

式中：f_1 为万车交通事故死亡率得分；f_2 为万车交通事故率得分；f_3 为主干道平均车速得分；f_4 为平均行车延误得分；f_5 为污染物排放量得分；f_6 为噪声强度得分；f_7 为交通参与者的满意度得分。

具体的各指标值的确定，可以在占有真实的数据材料的基础上，根据在上一节中所讲的具体计算方法来计算得到，部分指标由于标准的确定需要各不同地区的具体数据来确定，我们将在第六章中采用武汉市具体的数据来进行实证计算。

现在，我们可以假设某城市上述指标的得分分别为 80、80、70、70、80、80、90（各指标的满分均为 100），那么，我们可以计算得到该城市的人性化城市交通水平为：

$$U = \sum (\omega_i \times f_i)$$
$$= 0.35 \times 80 + 0.12 \times 80 + 0.10 \times 70 + 0.10 \times 70 + 0.06 \times 85$$
$$\quad + 0.02 \times 85 + 0.25 \times 90$$
$$= 80.9$$

因此，可以将该市的城市交通评价为具有良好的人性化水平。

同样，将它与运用同一标准得到的其他城市或该城市不同时期的结果进行比较，将可以得到比较结果，了解该地区城市交通人性化水平的比较水平。

第五节 本章小结

在本章中，在结合人性化城市交通发展指标体系的特点的基础上，采用德尔菲法，从众多反映人性化的城市交通水平的指标中选取了主客观两方面的七个指标，包括万车交通事故死亡率、万车交通事故率、主干道平均车速、平均行车延误、空气质量指数、噪声强度等客观指标和交通参与者对城市交通的满意度主观指标，采用层次分析法，将指标体系中的定性指标进行量化，对各指标赋予权重，从而建立了一套人性化城市交通发展水平的评价模型，力求得出比较全面、客观的结论。

第五章 人性化城市交通发展模式和措施

第一节 人性化城市交通的发展模式

一、城市交通发展的模式

就城市交通发展的模式而言，有的人提出了可持续发展模式，并进一步将其划分为环保模式与供需平衡模式。相对而言，比较有影响的是根据交通方式划分的以小汽车为主导的模式和以公共交通为主导的模式。

（一）以小汽车为主导的模式

美国是"以小汽车为主导，以公共交通为辅助"最典型的国家。20年代30年代，伴随着汽车业的高速发展，逐渐形成了小汽车交通为主导、公共交通为辅助的城市交通系统模式。第二次世界大战以后，由于有中东的廉价石油，汽车销售采用分期付款的赊购办法，城市布局松散，军工技术转为民用，汽车制造技术的改进和驾驶技术日趋简单等多方面因素的综合作用，使得小汽车的数量迅速增长。伴随着小汽车交通的快速发展，在城市布局和土地使用方面，美国市政当局并没有对城市的扩展和低密度郊区化加以控制，从而造成人口和就业岗位的分散化，无法形成集中的交通走廊，以支持公共交通的发展。人们出行对小汽车交通的依赖日益增强，同时导致了公共交通的日益萧条。为适应小汽车交通迅猛增长的需要，美国建造了大量高速公路和高度发达的城市内部道路网络系统。

美国选择以小汽车为主导的模式，有其特定的背景和基础。美国是个地广人稀、经济发达、城市化水平高、人民生活富裕的国家，小汽车是城市客运交通的主体，美国的城市布局和生活方式已决定了小汽车交通的主导地位。但是，随着能源危机和环保意识的进一步增强，可持续发展观念向交通领域的渗透，社会各界也在试图改变城市交通模式，历届政府都对复苏公共交通做过努力。早在20世纪60年代，政府就颁布了"公共交通法"，引导大城市交通向大容量快速轨道交通转化。在80年代，美国又有了环境保护法的规定，要求发展公共交通，减少小汽车出行，但是，代价极其巨大，收效却很小。由此不难看出，以美国为代表的"小汽车交通为主导，公共交通为辅助"的交通模式一旦形成，在短时期内是难以改变的。

（二）以公共交通为主导的模式

这种模式以日本、新加坡、中国香港等国家和地区的大城市为代表，在小汽车的发展上采取了有限制的发展策略，从而使公共交通在城市交通中起了主导作用。新加坡自20世纪80年代中期以来，小汽车的千人拥有率一直保持在100辆左右，在每天大约700万人次的城市客运量中，地铁承担了约100万人次、公交车承担了约300万人次、出租车和私人小汽车分别承担了约100万人次和200万人次。

在以公共交通为主导的城市交通结构模式下，又可细分为以轨道交通为主导的模式和轨道交通与地面公交并重的模式。以轨道交通为主导的模式以日本为代表。在日本城市公共交通系统内部的交通方式构成中，大运量的轨道交通占主导地位。长期以来，日本城市多采用"强中心战略"，在发展城市交通的过程中，坚持大力发展以大运量公共交通为主的高效快速交通系统，重视开发地下和高架轨道交通；重视综合换乘枢纽的建设，建立综合的换乘枢纽，使轨道交通承担了城市的大部分客运量。轨道交通与地面公交并重的模式以中国香港为代表。香港是世界人口密度最高的城市之一，香港城市土地有限的客观条件决定小汽车不能过量发展，香港政府采取了限制私人小汽车的战略，用提高私车登记费等手段，限制小汽车规模，与此同时，大力发展城市公共交通，目前已建成由铁路、地铁、轻轨、公共汽车、出租汽车等多种方式并存的公共交通体系。

二、人性化城市交通发展模式的选择

（一）人性化对城市交通发展模式的要求

城市交通发展模式影响着城市的能源消耗和环境保护及土地利用，因而制约着城市交通的人性化水平。合理的城市交通模式有助于有效地利用城市道路资源，发挥城市交通的整体功能，以获得最大的效用。不合理的交通模式则会带来交通拥挤、高污染、高能源消耗。人性化对城市交通发展模式提出了更高的要求。

1. 满足人们日益增长的出行需要。人们出行次数的增多，城市规模的扩大及向卫星城镇扩散，使得越来越多的人的工作地点与居住地点分离，因此，必需有大容量的交通工具满足其出行需要。为了满足经济和社会发展导致的不同层次的运输需求，运输能力和设施数量都需要有较大的提高。同时，人们生活水平提高后，对交通便利、快捷、安全、舒适度的要求也提高了。

2. 有利于城市生态环境的改善。由于以往交通方式发展的不均衡，使得城市交通环境恶化、道路拥塞、交通事故频发，城市居民的生活质量受到影响。汽车运行产生的废气和引起的其他污染物，如一氧化碳、碳氢化合物、颗粒物以及光化学烟雾等，已经成为城市大气质量恶化的主要原因。此外，在很多城市，以道路机动车辆为主要声源的交通噪声成为城市噪声的主要来源，这也日益成为最为关注的环境问题之一。对交通模式做结构性调整，选择人均能耗低、污染小和效率高的交通可以有效地控制环境污染，更符合改善城市生态环境的要求。

3. 降低社会总成本。交通的社会总成本是衡量交通总体效益的一个重要指标。从国民经济总体的角度考虑，交通成本包括交通直接成本、间接成本和外部社会成本。由于国家可以用于交通的资金和资源是有限的，因此，在规划各种交通方式的发展时，就要考虑它的社会成本。人性化的城市交通所需要的交通应是综合考虑所有成本，使其社会总成本最小的发展模式。

4. 优化资源利用。不同的交通模式对资源的消耗有较大的差别，在目前土地和能源短缺的情况下，在制定运输政策和分析运输经济效益时，必须考虑自然资源的存量、用量和损失，目的是保持资源的永续利用。城市交通应做到优化利用自然资源，合理配比所消耗的各种自然资源，使其对自然资源的消耗最小。

5. 引导城市合理布局。我国城市正处在大发展阶段，城市人口增加，经济活动频繁，加上旧城改造和各种新兴产业区、工业区的建设，城市范围不可避免地要向外拓展，建立合理的交通模式，就是要满足居民出行范围扩大的需求，使人口的分布更为合理，减弱城市中心区人口的压力，从而带动新建区的发展，使整个城市的布局合理化，城市的经济更具活力。

(二) 人性化城市交通模式选择的原则

人性化城市交通模式选择应当以社会的公平、资源配置的高效和城市的可持续发展为目标，要遵循公平性、高效性和可持续发展的原则。

1. 公平性。城市交通应遵循公平性原则，每个城市居民都有共享城市交通资源的权利，有要求满足其交通需求的权利。保障公众的基本交通权利是模式确立的根本出发点和归宿。所谓公众，对于城市客运交通而言，就是指选择每一种交通方式的出行者。"消灭自行车"或是"自行车万岁"，"大力发展小汽车"或是"应严格限制小汽车的发展"，都是值得商榷的口号。因为任何一种交通方式都不可能满足所有人的交通需求，任何人都有权在其社会成本分担合理并愿意支付的前提下，选择其所希望的交通方式。城市交通模式选择的目标应保证城市的交通能够向每个市民提供到达市内任何地方的可达能力。相比较而言，公共交通能较好地体现公平性原则。

2. 高效性。城市交通的模式选择应使交通资源的利用具有高效率。经济发展依赖社会分工和专业化程度的不断提高，但社会分工和专业化发展需要更多的人员流动，因此，工业和商业发展在很大程度上依靠城市交通的畅通和高效率。效率低下的城市交通会抑制经济的增长。目前，我国大城市面临的交通拥挤现象严重，所以，选择高效的城市交通发展模式显得很重要。

3. 可持续发展。人性化的城市交通应保证城市经济、环境和社会的可持续发展，其中环境的可持续性是前提和根本，离开了可持续发展的环境，经济与社会的可持续发展都不可能实现。具有可持续性的城市交通模式，就是要优化有限的城市道路空间资源利用，减少交通对城市土地资源的消耗，提高城市交通的运行效率，能达到城市、社会、环境与交通的均衡发展。

三、人性化城市交通发展模式的内容

(一) 以人性化观念为统领

目前，我国的城市交通存在重视规模、速度，忽略质量和效益，特别是忽视交通的整体效益和效率及交通运输的社会、环境效益的现象，影响

了城市交通的人性化和可持续发展。我国就社会、经济发展提出的科学发展观,就是要改变目前经济的增长方式,从粗放型转变为集约型,追求经济规模、速度、效益的和谐统一。城市交通也要根据我国经济社会的发展变化,在人性化观念的统领下,转变传统的发展方式,从单一的数量、规模、速度转变为把速度、规模、效益相统一,重视交通经济效益向经济效益、社会效益和环境效益相统一的转变,交通运输从粗放的资源消耗型向集约型转变,注重各交通方式协调发展,注重交通的生态性、便捷性、安全性。

(二) 以人性化规划为抓手

以人性化规划为抓手,使交通运输与经济、社会发展和环境保护协调发展,是确保城市交通人性化的重要环节。城市交通发展规划要与经济社会发展规划相协调,在制定生产力布局规划时要充分考虑交通的布局规划。同样,城市交通的布局规划也应与生产力布局规划相协调,减少交通资源的过分占用,从而减少交通对外部环境等的损害。要加强城市交通各方式之间的统一规划,把人性化和可持续发展观念贯穿于交通发展规划中,充分发挥各种交通方式的优势,形成有机的综合运输体系,提高城市交通效率和服务水平,把交通对外部环境的负面影响减少到最低程度。

(三) 以人性化管理为手段

科技进步是保证城市交通可持续发展的重要力量,也是提高人性化管理水平和交通效率的重要工具。要积极采用先进的现代信息技术、通信技术,加快智能交通系统的开发和研究,以人性化管理为手段,提高城市交通的效率和管理水平。要提高交通的科技含量,大力发展现代交通体系,加快发展高速、大运量运载技术,提高交通效率,降低资源损耗。

(四) 以人性化评价为准绳

城市交通发展不仅要有基础设施、运输量方面的发展目标和指标,而且要根据交通人性化的内涵、目标及要求,建立起交通人性化的评价指标,进而起到人性化评价准绳的作用。这些评价指标作为衡量城市交通人性化水平的准绳,对于城市交通发展具有导向作用和指导意义,这样有利于提升城市交通的人性化水平。较长时间以来,交通运输的主体对环境生态等破坏没有承担足够的责任和义务,客观上造成了交通部门对资源的浪费,环境、安全等方面的破坏,不利于交通运输的可持续发展。因此,需要建立人性化的评价指标，以其为准绳，提高资源占用的成本，减少资源浪费，把交通运输的外部成本内部化，提高交通安全综合补偿、环境污染的补偿标准，征收交通环境污染税，使社会选择对外部环境、生态、卫生、安全影响较小的交通方式，提高城市交通的人性化水平。

第二节 城市交通的人性化发展规划

一、遵循以人为本的指导原则

城市交通是社会生产、分配、交换、流通和消费的纽带，是城市发展的基础和前提，是人民生活必不可少的公共服务设施，其重要性就像人体的血液系统。改革开放以来，由于我国城市经济的迅猛发展及城市化进程的加快，城市交通需求量急剧上升，为了适应城市经济发展的需要，城市建设部门投入了大量的资金进行城市交通系统的规划，经过20多年的建设，我国大多数城市基本上建成了初具规模的城市道路网及相应的交通配套设施。但是，随着城市规模的进一步扩大、城市布局的变化、城市人口的迅猛增长、小汽车大规模进入家庭，城市交通系统正面临着前所未有的挑战，城市道路交通拥挤、不可再生资源消耗剧增、交通污染严重、交通事故频发等城市交通问题日趋严重。

长期以来，在我国城市交通规划、建设、管理的全过程中均存在着严重的"车本位"思想，在制定交通发展规划时所强调的"小时交通圈"的衡量标准就是小汽车出行所需时间，在进行交通预测时，更多的依据机动车的OD分布、流量分配等，在道路网规划时也是以机动车出行为目的。在城市交通设施建设中，强调快速路、主干路、高架路或立交桥来满足机动车运行，而给步行、自行车提供空间的支路网建设则严重滞后，公共交通设施的建设也是能省则省。体现在城市交通运营管理上的"车本位"现象主要表现在公交、行人和自行车的速度、效率少人问津，交叉口信号灯留给行人和自行车的时间非常短暂，行人和自行车的安全得不到保证；在道路"路权"分配上实行的是小汽车优先，公共交通、行人和自行车处于从属地位。其结果是道路越修越宽，反而越来越拥挤。可见"车本位"思想指导下的城市交通发展规划不能缓解城市交通的突出问题，要解决城市交通发展问题就必须在制定城市交通发展战略时遵循以人为本的原则。

（一）体现公众利益

城市交通发展战略的内容和结果应体现公众的利益。城市的主体是人，城市交通发展战略是为人服务的，城市交通不仅应满足市民出行的基本要求，而且应当满足市民出行方式选择需求，不同收入、不同阶层、不同年龄市民具有同等使用道路资源的权利。同时，"以人为本"的城市交通发展战略应体现城市中大多数人的观念，吸收公众广泛参与城市交通规划并监督城市交通发展战略的实施与管理。

（二）注重社会公平和协调发展

在进行城市交通战略规划时，要注重交通运行效率，更要注重社会公平、协调发展和环境保护，加强对市民出行需求选择的研究，根据市民出行意愿和意愿的满足情况，提供多种交通方式的选择。城市交通规划要注重公共交通规划、自行车规划和步行系统的规划，并将这些内容贯彻到规划的各个层面；城市道路系统规划要增加支路网规划的内容，提出对支路网建设的要求；城市道路的线形和断面以及交叉路口的设计也要考虑步行和自行车的交通要求；在设施建设中要合理分配资金流向，加强公共交通、自行车和步行设施的资金投入；在运行管理中要重视维护公共交通、自行车和步行等交通方式的路权，保障行人交通安全等。

城市交通系统并非孤立的系统，它的发展受城市的经济、社会、环境、科技、规模、体制等众多方面的制约。以人为本的人性化城市交通系统不仅需要理念先进的交通规划，而且需要协调交通内部与交通外部的关系，内部交通设施的平衡、运行的协调、管理的统一，外部与城市经济、社会、环境、用地相互促进，都是建设人性化城市交通系统所必须考虑的。

（三）满足人性化的交通需求

在进行城市交通战略规划时考虑人性化的因素，以满足人们对人性化的交通需求为出发点，提供"畅达、安全、舒适、清洁"的交通服务。"畅达"，就是要为市民提供多元化的交通方式选择，便捷地完成出行；"安全"，就是要通过各方面的努力，降低交通事故率；"舒适"，就是要为市民出行提供宽松、良好的乘车条件，如道路及交通工具的无障碍设计等；"清洁"，就是要为市民提供干净卫生、空气清新、安宁祥和的出行环境。

二、坚持区域差别、人车路协调的思想

（一）城市交通区域差别规划

不同的城市由于各自不同的地理、历史、气候、人文条件导致其在城市交通发展中在面临共性的问题时还面临特性的问题，都有各自不同的发展阶段和发展目标。从这一点而言，不同区域的城市交通系统的发展应该具有其特殊性。对于上海这样的特大城市而言，发展轨道交通是必然的出路；而对于一些中小城市则可以鼓励合理发展小汽车交通。对于北方城市而言，天气的寒冷使得公共交通远比摩托车受欢迎，而对于南方城市，摩托车大量发展很容易成为机动化初级阶段的普遍现象。人性化城市交通系统的发展不应也不能掩盖城市交通个性。具有特色的城市交通未必满足所有"以人为本"的要求，但是，一个"典范"的现代城市交通系统，必然是一个既有以人为本的基本特征，又有鲜明城市特色的交通系统。

同一个城市内部不同区域也会因为交通供求的不同状况需要实施交通区域差别政策。城市中心区应依托大容量的公共交通网络，结合城市实际情况，规划和建设轨道交通，完善道路等级配置，采用经济等各种手段有效地控制机动车流量；城市外围区应以公共交通为主导，加快建设轨道交通和快速路，适度放宽小汽车等个体机动方式的使用；郊区应重点建设高速公路网，鼓励小汽车的拥有和使用，推动城市空间有序扩展。同时，应按照城市各区域对交通供求的不同要求做好各区域的交通定位外，更应完善各种交通方式间的相互衔接，最大限度地减少交通转换的等候和延迟，并采用相应的经济等手段。

人性化城市交通系统的发展不应排斥城市交通的多元性，应注重城市交通共性与个性的协调。因此，基于人性化的多元城市交通战略，考虑了特定城市、特定时期的发展要求，避免了城市交通发展简单复制与雷同，对于建设一个既现代又独具特色的城市交通系统具有明确的指导意义。

（二）人、车、路相互协调

城市道路交通系统中包括人、车、路三个基本要素，只有坚持人、车、路协调的原则，才能构建和谐的城市交通。

城市交通系统中的人包括交通管理人员、驾驶员、乘客和行人。驾驶员、乘客和行人均应遵守既定的交通法规，服从交通管理人员的管理，创

造和谐的交通文化氛围。车辆是人们满足出行要求的载体,包括地铁、轻轨、路面公交车、小汽车、自行车等,滨江城市还有轮渡。首先,车辆的结构、仪表、信号、操作系统应当适合驾驶员操纵;其次,车辆的内部空间设计要适合乘客的安全及审美需求。道路是城市交通的基础和支撑物,道路必须符合服务对象的交通特性,满足人们的交通需求。乘客总是抱某种目的乘车,乘车过程本身意味着时间、体力、精神的消耗,人们在乘车过程中总是希望省时、省钱、省力,同时希望安全、方便、舒适,因此,线路规划、车站布局、汽车驾驶、交通管理等都应考虑到乘客的这些乘车心理需求。因此,在进行城市交通规划和建设时,只有坚持人、车、路协调发展,才能最大限度地利用有限的土地资源,满足人们的出行要求。

人车协调的典范有青岛市。青岛市实施的《开展城市文明交通"三让"活动的实施方案》给城市带来了良好的交通秩序。"三让"就是车让人,让出一分文明;人让车,让出一分安全;车让车,让出一分秩序。该实施方案除了一般性的规定外,还包括独具特色的体现和谐交通精神的内容,如在驾车行驶过程中,要特别注意避让老人、儿童和行动不便的人;车辆临近斑马线30~50米,驾驶员应当提前减速,做出明显礼让姿态,待行人通过后,安全驶越斑马线;行人遇繁华地段,横过道路时间超过两分钟或车辆停让超过20辆以上时,应当主动中止横过道路,让车辆通行等。"三让"的实质是路权优先原则。遵循路权优先原则,谁享有路权,谁就应当被礼让,走在斑马线上的行人是享有优先通行权的,因此,机动车必须礼让行人。在城市机动车辆快速增长的情况下,处理好人、车争道的矛盾,解决行人过路难问题,需要全社会共同努力。该方案实施后两个月的时间,道路上能够做到礼让斑马线的驾驶员由4%上升到10%,驾驶员、行人遵章率明显提高,交通秩序有所改善,市区交通事故大幅度下降。

三、增进交通建设与管理法规的人性化内涵

(一) 城市交通建设与改造中的人性化内涵

由于历史等原因,我国城市在早期的规划与建设有很多不尽如人意之处,如各不同交通方式间的隔断造成各交通枢纽间的换乘很不方便;城市交通的规划与建设是以车为本而非以人为本,过分考虑到机动车的方便性

而忽视了城市中人的方便性和安全性等。这些问题已经严重影响到了我国城市交通的进一步发展，阻碍了市民生活质量的进一步提高，必须在以后的城市建设和改造中加以纠正，尤其是要注重不断改善步行交通系统和合理建设交通换乘系统，逐步体现现代交通人性化的内涵。

1. 不断改善步行交通系统。步行交通是城市交通的重要组成部分。步行交通系统主要由步行者、纵向人行道、横向人行道（简称人行横道）、步行街、步行区以及人行天桥、地下通道等组成。在我国城市的总出行量中，步行交通约占20%~50%，但是，城市中的步行交通常常被忽视，导致步行交通环境不佳。一是自行车与步行者混合使用人行道设施，步行环境不和谐；二是大量占道经营和占道停车侵占人行道，使本已有限的人行道设施显得更加不足；三是由于许多道路交叉路口交通信号灯设置不合理，造成行人穿越道路困难、危险；四是由于修建了大量的立交桥和快速路，造成步行的绕行现象严重。针对这些问题必须进行人性化的步行交通建设。

（1）实行人车分离，创造行人空间。步行系统要因地制宜，采取有效措施，保障行人安全，同时要创造无障碍步行交通条件。人车分离包括空间分离和时间分离，空间分离是指采用积极的交通设施（如人行道、地下人行横道、人行天桥）将人车交通流进行强制性的分离。时间分离是指在同一道路上的行人和车辆，各自使用不同的通行时间，以避免其相互交错行进的交通组织方式，如交通信号设施、交叉路口的人行横道和时间限制性的步行街等。

（2）在人行道和行人过街设施规划建设中，尊重行人的步行净空要求。在人行道和行人过街设施的建筑界限内，不允许任何物体侵入，应清除侵入建筑界限外的广告牌、空调机位等物体，清除人行道上的经营摊点，还人行道于行人。要提高人行道板的铺装质量和平整度，在交叉路口设置行人过街专用信号，保障行人安全过街。

（3）注重步行交通与其他交通方式的衔接。在步行区出入口处，应考虑步行与其他交通方式的转变，如在体育场馆、公园等大型集散场所规划停车设施时以步行距离不超过100~150米为宜；商业步行区的出入口与附近停车场的步行距离也不宜超过100~150米。

（4）按照功能要求和美学原则组织步行系统的各项物质要素。要考虑步行空间功能的多样性，同时满足市民的心理需求，遵循美学原则，在变化中求统一，创造一个舒适、优美的城市步行系统。

2. 合理规划城市公共交通换乘系统。换乘系统是换乘点与其附属的服务设施、应用的管理手段等的总称。城市交通换乘包括私人交通与公共交通的换乘以及公共交通与公共交通之间的换乘。人们通常把这些集中疏散乘客的点称为换乘点。公交换乘系统是公交网络的节点，出行者使用公交的起点和终点。对于整个公交系统来说，换乘系统的功能如何，对其整体功能的发挥影响很大。目前，我国城市的换乘系统设施仍然非常简陋，逐步完善城市公共交通换乘系统是人性化城市交通发展的重要部分。

（1）保证公交换乘枢纽地址的用地需求。公交换乘枢纽地址选择的原则是将其设在方便市民换乘出行和客流集中的区域，同时要有足够用地，一般公交换乘枢纽用地面积不少于普通公交线路起终点用地面积的2~3倍。其选址应充分考虑城市土地利用、社会经济和自然状况，以及是否能使多种交通方式相互衔接，以实现集约换乘。车站的最佳间距要考虑主要出行点需求与停站增加出行时间两个因素，各线路车站具体的站距主要取决于当地实际情况，要以方便出行为出发点。公交换乘枢纽应尽可能提供停车设施，这样才能做到"无缝换乘"。对于市区内的公交换乘枢纽，应重点考虑非机动车的停车设施建设，以此为采用"自行车—公交"换乘方式的市民提供便利；对于市郊的公交换乘枢纽，应着重考虑小汽车的停车设施建设。北京市交通委员会拟在"十一五"期间建设多个"驱车换乘"枢纽，在枢纽中建设大型价格低廉的停车场，这样，市民可以停车换乘。

（2）及时传达公交换乘信息。足够的换乘信息能够提高出行者对公交系统的信任程度，给乘车者提供的信息应该包括经过本站点的所有线路的方向、车辆时刻表、本市所有线路的大致走向图、本市重要公交换乘点的位置和换乘内容等。

（3）合理建设其他便利设施。为提高公交候车服务水平、提高候车乘客的耐心程度，应当在换乘点提供电话、公共卫生、书报亭和小杂货店等附属设施；应该创造条件在一些换乘车站内部提供视频播放娱乐设施服务；应当通过使公交车与车站站台的水平达到一致来提高上下车的速度；应当为老弱病残乘客提供便利设施，尽量考虑社会弱势群体的乘车需要，如在车站的入口广场和站台都采用可触摸路面，为视力有障碍人群提供导向和警示,为行动不方便人群提供便利坡道或电梯设施等。换乘点本身的建筑形式也应从美化、文化、乘客友好等角度来设计建设。

(二) 城市交通管理法规中的人性化内涵

随着法制化的加快,我国已经基本建立了较完备的交通法规,但是,总体说来,在交通事故中对人的保护力度不够,而对车的处罚力度也不够。目前,由于城市交通量的激增,交通肇事已经成为制约我国城市建设与发展的一大顽疾。因此,必须进一步严格交通法规,加大交通肇事成本,从而达到规范行车、减少违章与交通事故、保护行人安全的目的。

2004年5月开始实施的《道路交通安全法》在这方面做了很好的探索。它不仅纠正了"撞了白撞"的非人性化规定,还从多方面体现了城市交通以人为本的精神,如机动车行经斑马线时须减速行驶或让行,肇事逃逸者将被终生禁止开车,任何单位或部门不得向交警下达罚款任务并以此作为考核交警的指标等,并且规定第三方责任险为机动车强制险种,从而使市民人身安全得到更多保障。这些人性化规定无疑加大了交通肇事的成本,有利于提高机动车驾驶者的安全行车意识。

基于我国人口众多的基本国情,随着经济发展及交通量的增长,交通肇事会迅速增多。为从根本上规范机动车行驶,减少交通肇事行为的发生,应在不久的将来规定精神损失费,比如说,可以从3000元起,依不同等级的交通肇事做出对受害者的精神补偿,以进一步加大交通肇事的成本,使机动车驾驶者变被动防范为主动预防,也进一步体现交通法规的人性化精神。

四、优先发展公共交通

经济的高速增长,使得城市居民的平均收入有了很大的提高,市民人均日出行次数有了较大的增长。同时,交通技术的发展使得出行方式更趋多样化,步行、自行车、公共交通、出租车、私人机动化交通,都是市民可供选择的出行方式。考察各种交通工具的运营成本、运送速度、运送能力(见表5-1)可以发现,非机动车出行方式环保、健身,但是,难以免除劳累、风吹日晒雨淋外加尘埃侵袭之苦,特别是长距离出行、天气异常条件下出行都有诸多不便;私人交通方式可以满足个人出行"门到门"(Door to Door)的快捷、舒适要求;相对于私人交通工具,公共交通具有运量大、效率高、耗能少、污染小、占道面积少等多项优点，公共交通运输对于整个社会来说意味着环保、高容量、高效率。

表 5-1　　　　　　　　城市各种出行方式比较

	运量（人/小时）	运输速度（公里/小时）	道路面积占用（平方米/人）	特点
步行	1500	4	0.4	环保、健身
自行车	2000	10~15	1.5	成本低、无污染
小汽车	3000	40~60	2.4	成本高、能耗多、污染严重
常规公交	6000~9000	20~50	0.3	人均资源消耗和环境污染较少
轨道交通 轻轨	10000~30000	40~60	高架轨道：0.25 专用道：0.5	建设运营成本较高、能耗和环境污染小、效率高
轨道交通 地铁	30000~60000	40~60	不占用地面面积	建设运营成本高、能耗和环境污染小、运输效率高

　　公共交通，就是众人一起使用的交通方式。城市公交系统主要分为轨道交通、常规地面公交和辅助公交（出租车等），其中滨江城市还涉及轮渡交通。资料显示，一辆大型公交车所占道路面积约等于两辆小汽车，而载客数量却是两辆小汽车的20~40倍；公共电汽车完成单位客运量消耗的能量是小汽车的1/10左右；从环保方面的空气污染来看，按单位客运量来计算，大型公交车辆比小汽车低90%。由此不难看出，城市交通必须优先发展高效率的公共交通。

　　公共交通得到快速、优先发展的前提是城市发展中具有明确的公共交通发展规划。这个规划应该是在以人为本、区域差别、人车路协调的原则指导下，为市民出行提供宽松、良好的乘车条件的、以乘车人的舒适为目标的体现人性化要求的规划。应当注重公共交通环境通过其自在的物理性能与人发生关联的同时会对人的心理产生的积极或消极影响，公交车温馨宜人的内部空间环境可以使人们心理感受提升，城市公共交通文化建设也可以营造健康的环境，并将在精神上鼓舞人。

　　以人为本的城市公共交通理念不可能脱离畅达、安全、环保的公共交通环境的营造。畅达，就是要求城市公共交通线网规划合理，公共交通与其他交通方式相互协作，实现人性化连接，最大限度地方便换乘乘客，减少乘客等候和延迟的时间；安全，就是要通过各方面的努力，降低公共交通事故率；环保，就是要求城市公共交通的发展兼顾自然环境保护，提高城市交通资源的利用率，降低交通污染排放总量。人性化城市公共交通的规划要点主要包括对轨道交通和道路公交的规划，要通过调查研究，分析人性化城市公共交通规划的影响因子，包括城市布局、交通现状、经济现状、政策环境等；要在实际调查的基础上对城市交通状况进行预测，包括人口预测、交通预测、社会经济预测、土地利用状况预测；最后要进行方案制定，接着对方案进行综合评价，形成最优方案投入实施，并在实施的过程中不断改进方案（见图5-1）。

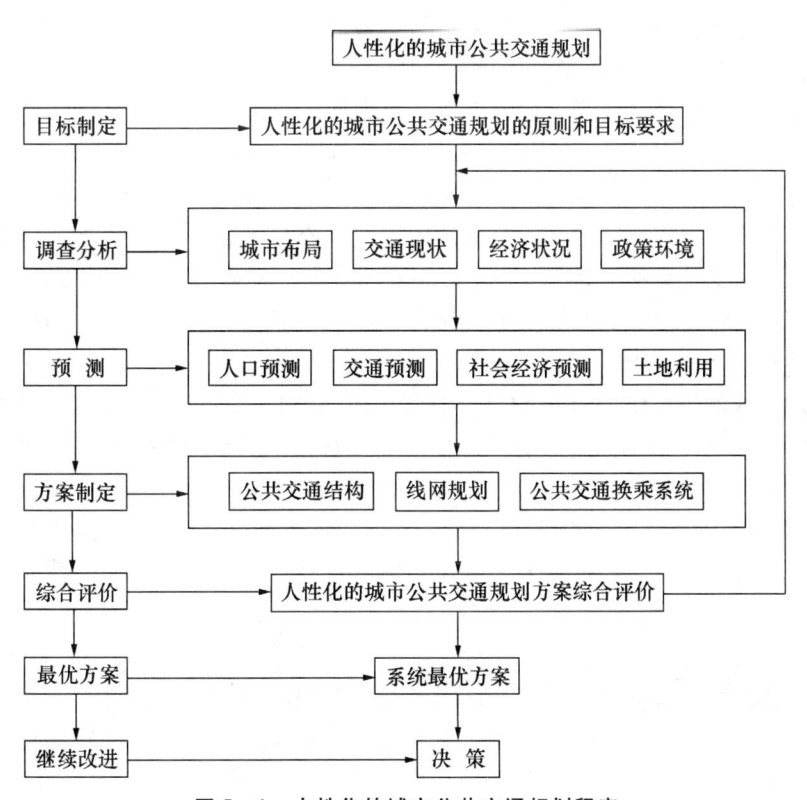

图5-1 人性化的城市公共交通规划程序

（一）科学发展城市轨道交通

随着城市人口的增长，大量新开发的居民区从城市中心区向郊区发展，这是大城市发展的共同特点，传统的道路公交方式难以适应这种城市结构的变化。从发达国家的发展历程来看，轨道交通已成为城市公交的主要运输方式，日本东京拥有城市公共轨道交通2200多公里，轨道交通客运量占城市机动化出行的55%，占公共交通出行的88%；法国巴黎拥有城市公共轨道交通325公里，轨道交通占全部客运量的66%；俄罗斯莫斯科拥有城市公共轨道交通244公里，轨道交通占全部客运量的55%。我国内地第一条地铁于1969年在北京建成通车，到2005年年底，北京、上海、广州、武汉等10个城市有城市轨道交通系统（不含有轨电车）投入运营，总里程约420公里，发展水平还很低，还没有一个城市形成较为完整、有效的网络系统。拥有内地最长运营里程123公里的上海2004年的客运量只占到全部客运量的0.74%，占公交客运量的15%，但已经体现出比常规公交更高的运输效率。与常规路面交通方式相比，城市轨道交通运量大、安全性好、正点率高、舒适快捷，而且污染少，是缓解城市交通拥挤的良好交通方式。轨道交通作为一种高品质的公交新方式，吸引人们向公共交通方式转变，有利于优先发展公共交通战略的实现。轨道交通自身是低污染的交通工具，而且对小汽车具有竞争力，可有效地抑制小汽车的使用，因此，发展轨道交通将会优化城市交通结构。同时，由于轨道交通的建设，刺激了轨道沿线土地开发强度提高，改变以往那种"摊大饼"式的城市空间发展模式，使得城市空间发展呈"链珠状"发展，可以有效地遏止城市的无序蔓延，提高城市土地使用效率，节省土地使用。

（二）优先发展道路公交

相对于轨道交通投资大、建设周期长的特点，道路公交则是投资少、见效快。"公交优先"起源于法国巴黎，并很快被饱受交通拥堵之苦的欧美等发达国家大城市借用并完善。目前，我国北京、广州、昆明、武汉等城市也开辟了公交专用车道，以缓解道路拥挤情况。实行公交优先原则，要求优先保证合理的公交用地需要，优先保证公交资金投入，优先保证公交高效运营，优先保证公交换乘方便，逐步形成以公共交通为主、个体交通为辅的交通模式。目前，在不同城市所进行的公共交通运营机制改革、倡导的公共交通优先策略、公交专用道的设置等均在不同的层面上体现着城市交通发展和建设的政策走向。

1. 我国公共交通运营服务水平低的原因。国外大城市的城市公共交通分担率一般在40%~80%之间，而我国大部分城市的公共交通出行分担率在20%左右，这一比例还在不断下降。我国的公共交通发展水平较低、运营服务水平逐渐下降的原因是多方面、多层次的，主要体现在以下三个方面。

（1）公交线路规划不合理，公交线路分布不能反映客流分布的需求。随着城市向外扩充的速度不断加快，使市民居住更加分散，公交线网密度降低。同时，公交线路往往过多地集中在少数干道上，迂回较大，乘客的总乘行时间（或乘行距离）过长。

（2）传统的公交服务指标，如公交配车标准、服务半径、额定载客率和发车频率等取值较低，无法满足现代出行者日益提高的出行要求。

（3）没有满足由于市民的平均出行距离变得更长、居住范围变得更加分散对公交系统的换乘衔接提出的新的要求。非机动车换乘公交的需求就增长得很快，而包括地铁在内的整个公交系统都未能处理好这个问题，给出行者带来了诸多的不便。

2. 解决城市道路公交存在的上述问题，需要从以下五个方面着手：

（1）完善公交线网结构。我国大城市的现有公交线网都属于在自然形成的基础上不断补充添加而形成。旧城区内的公交线路在一般情况下（如不出现大规模的旧城改造项目等）是不会发生变更的。实际上，公交客流分布是不断变化的，公交线网布局规划应满足城市居民日常生活、工作和弹性出行的要求，尽可能在城市主要客流集散点之间开辟直接线路，使线路走向与主要客流流向一致，提高公交覆盖面积。公交线网布局规划可以采用"逐条布设、优化成网"的方法，即以直达乘客量最大为主要目标，通过分析备选线路的起终点位置及客流分布，确定线路的最佳配对及各线路的最佳走向，并满足约束条件。

（2）构建快速公交系统（Bus Rapid Transit，BRT）。快速公交系统起源于巴西的库里蒂巴市。库里蒂巴用投入相当于地铁1/10的资金，建设了具有轨道交通运营特性的公共交通方式，成为后来在美国、法国、日本和韩国等国出现的快速公交系统的雏形。BRT是通过将公交系统的各个子系统有效集成来实现效率的提高,包括线网结构的优化、公交车辆的改良等。快速公交线网应包含一个干线公交框架、支线公交框架。支线公交框架将在客流运送过程中发挥疏导主要客流的作用,成为城市的客运走廊。干线公交网必然能够迅速发展构成整个城市公交线网的主框架,并发挥出城市客运的主通廊的作用,这样层次分明、功能清晰的线网就是快速公交线网,其基本结构如图5-2所示。

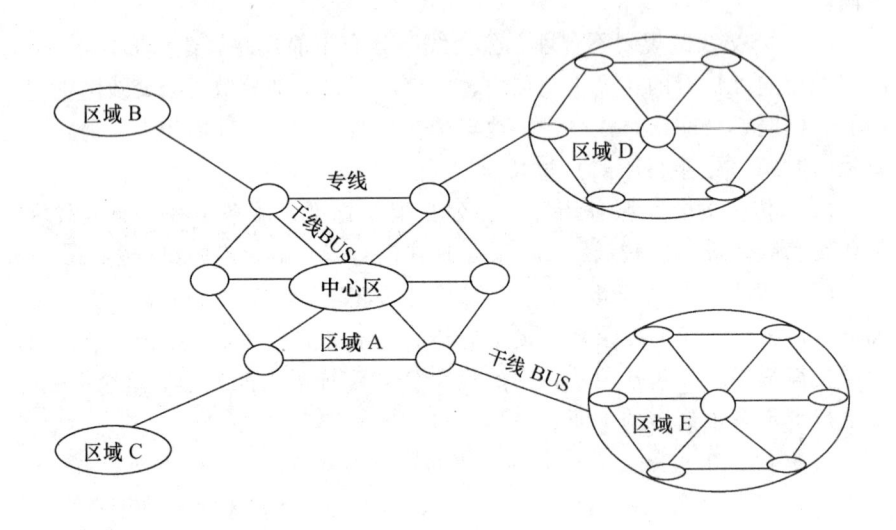

图5-2 城市快速公交线网结构

(3)公交车辆优先通行。所谓公交优先,在一定意义上讲,就是要通过赋予公交通行的优先权,让公共汽车到处能够畅行无阻。公交的优先权包括公交专用路权及通行信号优先权。为了实现公交专用路权,许多国家纷纷在城市内设置了公共汽车专用车道。新加坡是世界上设立"公共汽车专用道"最早的国家之一,对闯入公交专用道的非公交司机给予罚款和吊销驾驶执照的处罚;美国不仅在单向三车道上设立公交专用道,甚至在单向双车道上也设了,在街头经常会看到公交畅通无阻、其他车道寸步难行的场面;亚洲的日本与韩国也是严格实行公交专用道的国家。为了确保专用道能够"专用",需要设立专用道监督管理机构,对违章侵入公交专用道的其他车辆给予重罚。由于我国城市道路混行路网较多,对于全线封闭式专用道的实施可能有一定难度。当现有道路没有足够空间设置公交专用线路时，可采用小型物理设施或标志标线隔离出专用车道。可以结合具体道路类型情况以分段采用不同的公交专用道形式、分段交替衔接来实现公交优先。公交通行信号优先权是指通过公共汽车感应信号、调整信号周期、增加公共汽车通行次数、设置公共汽车放行专用信号灯等方法实现。

（4）从资金上保证公交的发展。公共交通的发展是离不开政府财政支持的。从各国的情况来看，政府都给予公共交通大力的支持，如加大投资、给公交企业经营亏损补贴、减免对公交企业的税收等。美国从20世纪90年代初开始大幅度提高对公交企业的投资，并从税收中划出一部分资金投入到公共交通的建设之中；美国的公交企业除购买燃料要缴纳税费外，其他各税均被免除了。法国、德国、英国、瑞士对公交企业的财政补贴占成本的30%，比利时、荷兰则高达75%。汲取国外经验，我国应从两个方面来给予城市公共交通资金保障。一方面设立专门的国家级的"城市公共交通发展基金"，并可由各级政府进行财政配套，主要用于城市公共交通的发展；另一方面给予公交企业税收优惠，比如，对于新开线路可以在一定的期限内免税。

（5）立法为公交提供保障。公共交通要健康、可持续发展就必须有相关法律、法规的保障。综观各国，尽管制定的法律不尽相同，但都强调了优先发展公共交通的必要性，规定了优先发展公共交通的具体政策、措施和办法。瑞士1995年制定的《公共交通法》中规定，改善公共交通的运营是全体人民的事业。1998年，美国《21世纪交通平衡法》增加了有利于城市公共交通发展的内容，鼓励轨道交通、公共汽车、城市地区低速磁浮技术的研发工作，并就优先发展公交从资金投入、道路建设和规划，到管理与服务等各方面都做了详细规定。

目前，我国交通立法中已有《铁路法》、《海运法》、《内河运输法》、《公路法》等，尚无城市公共交通法，借鉴国外城市公共交通立法经验，我国应加快制定和完善城市公共交通法规，以此优化城市交通运输结构，促进城市公共交通的发展。同时，通过城市公共交通立法，可以明确政府对公共交通的财政补贴以及补贴方式。政府从政策、规划等方面给公交企业以支持，通过补贴方式改善公交企业的经营环境，可以增强公交企业在市场上的竞争力。

第三节 人性化城市交通的设施建设

一、促进基于人性化的城市交通基础设施建设

城市交通系统的基础是规模巨大、功能完善、安全可靠的交通基础设施。让交通基础设施建设体现人性化思想，就必须科学、合理地预测城市交通需求，根据交通需求进行城市交通基础设施建设。在持续建设道路系统、合理发展轨道系统的同时，加强枢纽设施、停车设施和管理设施的建设，发挥基础设施在促进城市交通人性化方面的综合效应。

（一）建设城市交通轨道设施

科学、合理地发展轨道交通是解决大、中城市交通拥挤的主要途径。近年来，我国各大、中城市轨道交通网络正在加速形成，有的地方已经在城市客运中发挥了重要的作用。发展轨道交通不仅是改善公交服务质量、缓解地面交通压力的根本举措，而且将拉动投资需求，引导城市合理布局。

轨道交通网络布局一般设置三个层次：市域快速路、市区地铁和区际轻轨，以满足不同乘客和不同区域服务的需求。轨道交通投资巨大，形成像东京、伦敦和巴黎等城市一样规模的轨道网络，需要持续几十年时间的快速发展。考虑到我国城市的实际情况，各城市应当根据自身的实际需求来选择相应的轨道交通类型，通过科学、合理的中长期规划，分步实施，从而建成易换乘、高效率、大容量的城市交通轨道设施。

1. 科学规划和建设中心城的轨道交通系统。我国大城市应根据自身的实际情况，选择与之相适应的轨道交通方式，超前规划，合理布局，尽快建成适合自身未来发展又具有规模效应的轨道交通网络系统，形成以重要换乘枢纽为核心、联系中心城重点地区的基本网络，有效地缓解地面道路的交通压力，并使之逐渐成为城市客运系统的主体。

2. 合理建设市域直达的客运轨道系统。市域直达的轨道交通系统可以有效地改善新城与中心区的直达性，促进城市周边地区的经济发展与建设。为此，各城市应根据自身实际情况，适时建设市域轨道交通系统，结合城镇体系规划，设置轨道交通站点。在条件进一步完备的时候，则应在

已有轨道网络规划的基础上，研究可能设置分叉的具体线路和位置，不断完善轨道交通网络方案。

(二) 建设和改造城市道路交通设施

在我国大中城市要推进道路网络建设，最终形成一个以快速路、主干路为骨架，次干路和支路为基础，保障公交优先通行，充分重视慢行交通的道路运行系统。

1. 持续建设中心城区干道网络。城市中心城区干道包括快速路和主、次干道，以少量的交通用地，提供半数以上的道路容量，是城市道路最重要的基础设施。城市中心区要以优化道路功能为主，实现主干路机动车专用，次干路扩容，外围区重点加强放射型道路建设，提高路网密度，实现骨架路联网。

2. 改善低等级道路的通达性。低等级道路是指中心城支路和郊区三、四级公路，它除为机动车提供到达服务外，也是慢行交通使用的主要道路。目前，由于低等级道路的连通性较差，迫使大量慢行交通工具如自行车等，在干道网上行驶，增加了安全隐患，降低了干道网的效率。此外，低等级道路最接近生活居住区，有较大的步行需求，然而，目前这些道路上的步行条件并不十分理想，需要更多的重视。要改善低等级道路的通达性，应从以下四方面入手：一是要加快梳理道路"瓶颈"、堵头和错位道路，保持低等级道路的连贯性。二是要在中心区机动车专用的主、次干道附近，连通和梳理平行的支路，辟建非机动车通道。三是要大力改善低等级道路的步行条件，完善步行系统，创造充分体现以人为本的步行空间。四是要在主要商业区及公共活动中心，按规范设置无障碍设施，给予残疾人更多的方便。通过以上措施，可以逐步形成功能完善、覆盖面广的低等级道路系统，为市民出行提供更优良的服务。

3. 加快郊区干线公路设计与建设。郊区干线公路网是连接新城与中心城的通道，是城市与周边地区联系的重要纽带，也是各城市与空港或海港相配套的基础设施。随着经济的迅速发展，城市规模不断扩大，城市与各相关地区的经济等各种联系将日益紧密，因而建设完善的具有较高服务水平的郊区干线公路网是强化城郊联系的重要保障。

应当指出，城市道路的核心功能应是为人服务，而不是为车服务。人性化城市交通基础设施建设要注重保护与发展的问题。随着社会经济发展，我们需要现代化、城市化、机动化，但更需要人性化的人居环境。任何具体道路工程的上马，不仅要考虑经济效益还要考虑社会效益，尤其是环境效益。要站在城市长远发展高度进行决策，不能就交通谈交通，就保护谈保护，就规划谈规划。若对每一条街道都进行保护，则城市交通问题不能解决，但应该选择一部分景观优美、历史文脉浓厚、具有典型性的历史街区进行有重点、有选择地保护，突出其文化历史氛围，削弱其交通功能，从而实现城市历史文化的可持续发展，只有这样，才能实现城市历史文脉的可读性、可逆性、真实性及最低干预程度。

（三）改进和完善城市交通枢纽设施

城市交通枢纽是实现各种交通方式有效转换的关键环节。按照功能与规模，可以将城市交通枢纽分为大型枢纽、中型枢纽、小型枢纽和一般枢纽四个等级。以往在城市发展中，交通枢纽建设没有引起足够的重视，造成各种交通之间连接不紧密。不方便的换乘降低了城市交通的整体运行效率，使公交失去了吸引力，导致高容量的客运系统无法充分发挥作用。

1. 积极改善对外客运衔接条件。对外客运交通枢纽设施包括铁路客运站、公路客运站、空港和水运港口等。对外交通是城市的门户，是连接城市与周边区域的桥梁。设施良好的对外交通换乘枢纽是实现内外交通紧密衔接的关键。结合对外交通设施的建设和改造，应逐步改善内外客运的衔接与换乘条件，合理建设与布局城市大、中型对外客运枢纽；逐步将长途客运站迁至中心区外，并规划、实现与轨道交通、公共汽（电）车等交通枢纽的人性化连接直至无缝连接，在不破坏城市居住、生活环境的前提下，加强与市内交通的衔接。

2. 加快建设市内客运枢纽。市内客运枢纽是城市交通的关键设施，对合理布局公交线网、引导客流走向、方便乘客换乘、提高运转效率起着重要的作用。目前，城市客运需求不断增加，市民出行范围不断扩大，尤其在城市加快发展轨道交通系统后，建设换乘枢纽将变得越来越迫切。因此，应充分重视城市内客运枢纽的建设，在用地等问题上给予保证；尽可能实现轨道交通之间的同台换乘，缩小换乘距离，先期建设项目应为后续项目预留换乘空间；与轨道交通站配套的公共汽（电）车、出租车、机动车、非机动车停放设施，应同步规划、同步征地、同步施工、同步建成；应进一步规范公交始发站、过境站以及出租车路抛站、营业站的设置；中心区内占路公交始发站应逐步进入港湾，新建住宅区配套的公交始发站和出租车营业站的建设应持续抓好。

3. 合理建设"停车—换乘"枢纽。城市中心城外的"停车—换乘"枢纽是实现小汽车交通与中心城市公共交通有效转换的关键环节。随着我国城市的快速建设及规模的迅速扩大，小汽车进入家庭在我国大城市是大势所趋，而城市市民的外迁、出行等也对城市公交提出了更高的要求，因此，应在中心城外轻轨或者地铁附近建设大型"停车—换乘"枢纽站，以方便小汽车与公共交通的换乘。此外，随着城市拓展和经济水平的提高，应进一步引导自行车发挥为公共交通短途服务的功能，在保障自行车短途出行条件的同时，配合轨道交通和地面公交的换乘枢纽站建设，发展地区性的自行车停车场所，从而在一定程度上拓展公交站点的服务范围。

（四）规划和建设城市交通停车设施

停车设施是重要的城市交通基础设施。规模适宜和布局合理的停车设施，是交通畅达的基本保证，是连接各种交通方式的纽带，也是交通需求管理的手段。停车设施按不同类型有居住地停车、工作地停车、路外公共停车、路内停车和公交专业停车等。近几年来，我国汽车年增长率达20%~25%，而停车面积增长缓慢。有的城市出于无奈，采用在路边停车的方法，这种方法并不适用于我国的混合交通情况。

日本的经验值得我们借鉴。按日本的现行政策，购车必须具备停车场地。有人认为，没有停车场建设的发展，就没有日本国内汽车工业的发展。福冈非常重视停车场建设，一是规划道路两侧的停车场，充分利用空余地面，面积不大，数量很多；二是建设地下停车场，商贸建筑、公共场所、办公区域都建有地下停车场，一般达地下二至三层；三是建设立体式停车场。此外，在流量相对小的道路，允许在路边临时停车。由于停车形式多样，总体容纳量大，因此，停车问题得到了妥善解决。为了充分利用停车资源，福冈市区主干道还设有停车信息情报板，对一定区域内的若干个停车场实时提供停车信息，有无空位用颜色表示，醒目、方便。我国应采用多样手段加强停车场建设，根据交通区域差别政策来指导停车设施规划、建设与管理。当前要着重解决中心城区的停车问题，既要"挤"出停车地面，又要逐步"引"出商业网点、公共场所。在繁华区域，要有目的地发展立体式和地下停车场。停车场建设不能仅靠政府，要动员社会力量和民间资金，用足引导、补贴、优惠、免税等各种政策，用市场机制促进停车场建设。

1. 工作地停车设施。工作地停车位主要供单位及所属职工停放车辆，其配置应与周围道路通行能力相协调，依不同区域的供需特点制定科学的配建标准，通过控制中心区工作地停车位数，严格限制高峰时段进入的车流量，缓解中心区交通的压力。在中心区特别是中央商务区，应实施建筑物配建车位向社会车辆开放政策，以充分利用现有停车资源。

2. 城市外围区停车设施。城市外围区应着重解决住宅区停车矛盾，并在城市外环线附近轻轨、地铁的枢纽点规划收费较低的公共停车场，以鼓励小汽车乘客换乘公共交通进入市中心。

3. 市区路内停车设施。路内停车因占用道路而使道路通行能力大大下降，因此，从提高城市道路运行效率的角度看，应通过行政手段和经济手段严格限制路内停车，尤其应加强对交通拥挤地区和拥挤时段的路内停车管理，控制路内停车总量。为此，一是要在城市中心区所有主、次干路和公共汽车通行的道路上，白天禁止路内停车。二是要在路外公共停车设施可基本满足停车需求的300米服务半径范围内不另设路内停车。三是要利用交通流量的昼夜差异，在有条件的住宅区、娱乐场所周边设置适当的夜间临时停车点。四是要加快建设自动停车计时收费系统。五是要严格执法，加大处罚力度，杜绝违章路内停车。

4. 公共交通专业停车场。公交优先不仅需要行车优先，也需要停车优先。目前，我国城市公交车辆停车设施普遍存在不足的现象。因此，应根据城市发展需要与综合交通规划，结合轨道交通站点、大型商业区以及住宅区的建设，合理安排公共交通专业停车场用地，以保证城市大力发展公共交通对配套设施建设的需要。

（五）逐步完善城市道路交通管理设施

城市交通管理设施是实施科学交通管理的物质保障。面对未来不断扩大的交通供需压力，我国各大中城市应在抓紧道路、轨道等设施建设的同时，应发展和完善交通管理设施，积极实施交通智能化战略，以信息化手段促进交通与城市的协调发展，逐步实现交通决策科学化、管理现代化、交通基础设施运行效率最大化。现代化的道路交通管理设施是保障道路交通安全、畅通、有序的物质基础。同改革开放初期相比，我国城市的道路交通管理设施有了很大发展，但是，相比较于城市道路及交通量的迅猛增加，还难以满足城市发展的总体要求。为此，一是在城市新建、改建道路时，应根据交通需求同步配建、完善道路交通管理设施，并保证其合理、完备和有效。二是应根据城市道路的不同交通状况积极推广、使用并逐步普及已经较为成熟的道路交通管理设施，如将城市信号灯采用适应信号控制系统，并采用新技术、新材料进行道路标志、标线建设。三是应根据国家标准加快道路标志、标线建设，广泛采用新技术和新材料，造福于民。

二、完善城市道路交通网络

（一）提高道路网密度

我国的城市道路不包括居住区内部及大院内部道路。道路网密度是指在一定区域内道路网的总里程与该区域面积的比值。发达国家城市道路网密度为16.21公里/平方公里，我国为4.85公里/平方公里，相差2.3倍。高密度的道路网可以形成连续的行人、非机动车、机动车分流系统，不仅可以营造安全的人性化步行氛围，还可以提高机动车的运行速度；有利于组织单向交通，减少交叉口的冲突点数；有利于分流干路交通压力，使交通流均衡分布在整个城市交通道路网。同时，次要道路在机动车非高峰出行时间可以为机动车临时路边停车创造条件。

我国大中城市的现有道路网密度普遍较低，特大城市现有规划道路网的密度指标没有一个达到7.1公里/平方公里的国际标准上限，一部分城市甚至不及4.3公里/平方公里的国际标准下限，北京市计划调整道路网结构，加强支路规划建设，打通断头路，规划道路网密度为4.4公里/平方公里。造成我国城市道路网密度较低的主要原因，一是城市道路网严重缺乏支路一级道路；二是城市干路网尤其是城市次干路网尚未发育完全。

国外交通建设的经验表明，城市道路网密度必须达到一定规模后才可以促成交通的可达性。我国城市旧城街巷密度较高，不少地区平均100~200米就有一条胡同、里弄，尽管旧城内部可能有较多的单位大院，但从总体上讲道路网进一步加密的基础较好，现阶段应争取使规划道路网的密度达到甚至超过国际标准上限。

（二）完善道路网结构

在20世纪50年代真正意义上的城市交通规划出现前，随着发达国家城市的发展，新的道路网规划思想不断产生，1929 年，美国建筑师斯坦提出的邻里单位规划理论，实现了步行与自行车、机动车的交通分离；1942 年，屈普提出了城市主、次干道与支路分开，干道以交通功能为主，支路以生活和商业等功能为主的思想。芬兰建筑师沙里宁提出的"有机疏散理论"，对我国近代城市发展至今也产生了明显的影响。由于商埠的开辟以及民间商业的发展，铁路、汽车的出现和国外城市的影响，我国的城市布局和道路系统发生了很大的变化。

城市中的不同道路，包括快速车道、主干道、次干道、支路等在道路网中的功能和作用是不同的（见图 5-3），合理的城市道路网可以保障城市道路交通流由低一级道路向高一级道路有序汇集，并由高一级道路向低一级道路有序疏散。完善道路网结构对于城市交通的畅达是非常关键的。

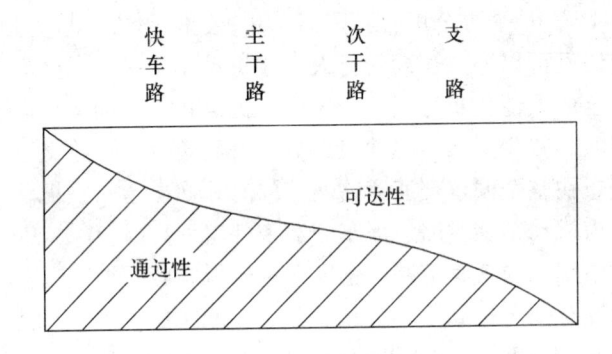

图 5-3 城市道路通达性比较

当前，我国城市正处于基础设施快速发展时期，道路建设的重点要向完善网络结构转变，向改善道路条件倾斜，一是要加大次干路和支路建设力度，疏通断头路，增加路网密度，形成主干路、次干路、支路的合理比例，增强城市对大交通流的适应能力。二是要改善道路条件，尤其要提高路面质量，用精品工程体现城市现代化程度。三是要完善交通管理设施，以明确通行权为标准，健全标志标线、信号灯和人行横道灯，并提高设施品位，体现现代化精神。四是要清除各类交通障碍，要特别防止主干路实施形象工程、景观工程后加重次干路和支路道路障碍的倾向。

(三) 优化道路交叉路口

交叉路口是城市道路汇聚的关键节点，减少交叉路口冲突是保证城市交通安全和提高路网容量的基本条件。目前，由于在交叉路口没有实现机动车、非机动车和行人的完全、有效分离，使得交叉路口的安全状况与运行效率尚不尽如人意。

1. 交叉路口间距。从提高车辆通行条件的角度出发，道路上的交叉路口数量越少越好，并且其间距越大越有利。但是，从道路网络结构要求的角度考虑，交叉路口的间距不宜太大，应具有一定的密度。交叉路口的最小间距，一是要保证在交叉路口之间具有足够的安全交叉和超车的距离。二是要保证车辆通过交叉路口时不受前面交叉路口等待通过的最大停候车列的干扰。三是要保证驾驶人员在车速较高的道路上专心通过交叉路口时，不需同时观察分析前方交叉路口的交通状况。为此，一般情况下交叉路口间距不应小于国标数值。在规划阶段应使交叉路口间距满足国标的要求，当现有交叉路口的间距无法满足上述要求时，应将交叉路口之间的道路处理成单向交通或在交叉路口内禁止左转，以此消除交通干扰，保证车辆通过交叉路口的安全条件。

2. 平面交叉路口渠化。平面交叉路口渠化设计的工程量通常不大，投资少、见效快，对于提高道路网运输效率有明显的效果。城市交通的实践证明，制约道路网效率发挥的主要矛盾集中在平面交叉路口，而路网中的全部平面交叉路口渠化后，路网运输效率可以大为提高。平面交叉路口渠化设计应考虑多方面的因素，主要涉及人的交通特性、车辆交通特性、相交路段交通特性、交叉路口交通特性、交通设施状况、工程费用与效益、渠化的社会环境特性等方面。

当现有简单平面交叉路口通行能力不能适应实际的交通量，经常发生拥挤、阻塞和事故，或车速、安全性大大降低时，应考虑进行交叉路口的拓宽渠化。通过拓宽平面交叉路口，增设左、右转专用车道并予以渠化，可以实现交叉路口各向分流，使车辆有秩序地行驶以提高通行能力。根据我国道路交通的实际情况，参照国外的研究成果，应当在主干道与次干道上，当交通量在 2000~5000 辆/日以上时，采用拓宽渠化的方式。

3. 特殊左转通行安排。左转车辆在平面交叉路口的转向行驶对直行交通影响很大，容易引起交通事故和降低通行能力，因此，进行平面交叉路口渠化中常用的解决方法是进行进口拓宽、设计左转车道，并与交叉路口信号配时中的左转相位相结合。有时候外围交叉路口进行拓宽时难度不大，但在古城（老城区、中心区）内，由于历史上形成的交叉路口四周建筑物、绿化等原因使交叉路口进口拓宽、增设左转车道的难度很大，但一般古城内历史上保留下来的街巷（支路）数量多、路网密度大、交叉路口间距小，在此特点的基础上，受立交设计中左转交通处理方式的启发，可以利用高密度的支路设计一种"立交平做"式的左转交通渠化组织方法，化交叉路口左转为右转，发挥支路的分流作用，省去干道上的左转车道（见图5-4）。

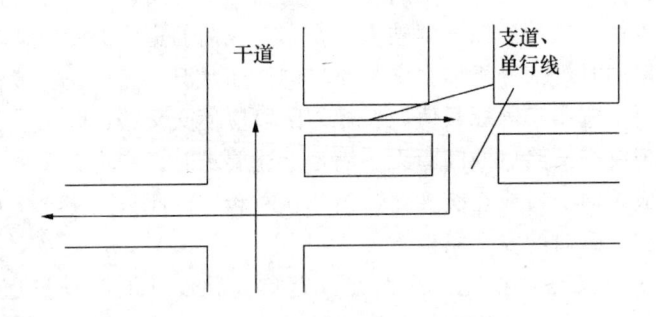

图5-4 立交平做左转交通渠化

4. 特殊右转通行安排。在早期的十字交叉多相位渠化路口，三角形交通岛两翼是对称的（见图5-5）。这种设计平等地照顾每一方向的交通要求。当用地不受限制、路缘石圆曲线半径足够大、直行左转车辆并不特别多的情况下，这种做法是合理可行的。

但实际上很多时候工程用地总是受到严格限制。道路不可能充分拓宽，路缘石也无法选用大半径，而多相位渠化路口的车辆候留时间大于普通红绿灯路口，并且是严格的分道等候，如果继续采用对称式样的交通岛，结果往往是候留车道过短，候留的直行左转车阻挡着右转弯车辆，造成交通阻塞，因此所需候留车道长度也必须相应增大。在这种情况下，可以采用两种方式加以改进：一是采用两翼不对称的交通岛，进口翼长，出口翼短，延长候留车道，必要时在进口一翼接以长分隔带，强制性及早分离右转车辆,这种处理方式适用于每一路口;二是当道路两侧不能同时拓宽时,单向拓宽进口方向右侧,设置独立的右转弯车道,而让出口处右转车与主车道车辆直接合流。做了这种改进以后,可以显著改善路口效能。

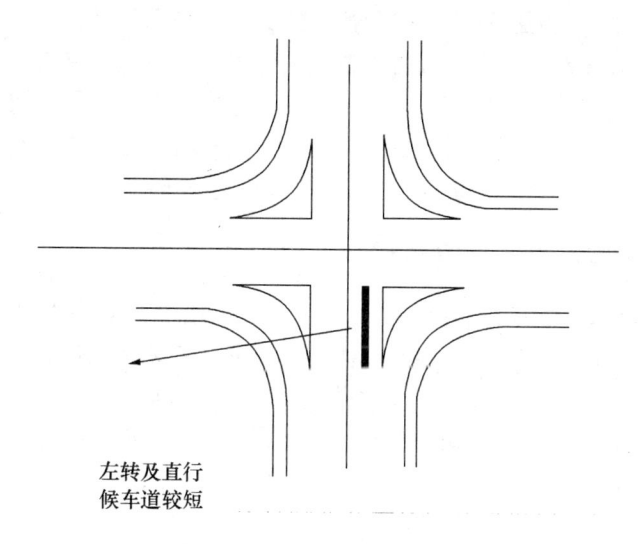

左转及直行候车道较短

图 5-5 改造前交叉路口模式

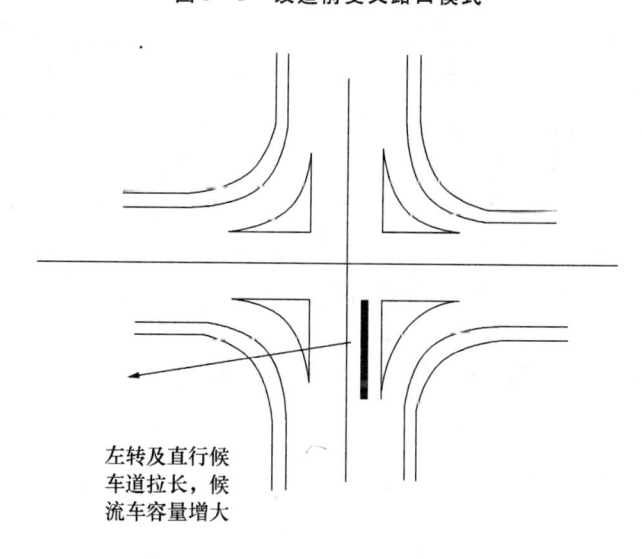

左转及直行候车道拉长,候流车容量增大

图 5-6 改造后交叉路口渠化模式

5. 简易立交改造。在新建城市道路时，根据"机非分离"原则，应同步实施交叉路口优化，减少车流冲突和保障行人安全，而对于城市中心区十字路口则可实施人性化简易立交改造，以较少投资和成本来最大可能地提高交叉路口的通行能力。这种简单立交的基本思想是：实现完全人车分离，使行人和自行车通过人行天桥或地下通道随时通过路口，不受交通灯限制，充分体现现代城市交通以人为本的基本理念；车流量较大的道路上采用立交直行，不受交通灯控制；右行车辆也直接通过路口右行；而左行及车流量较小道路上则仍然采用灯控交通。

三、实现各种交通方式间的人性化连接

人和物在城市中的快速流动和转移，要依赖于高效率的城市交通体系。而在这个体系中，各种不同交通方式间的衔接无疑是最容易出现等候和产生延迟的环节，因此，必须加强不同交通方式间的连接。所谓各种交通方式间的人性化连接，就是在当前不能完全做到无缝连接的情况下，先实现不同交通方式间的发车、到达信息共享，相互间联网售票并设立各中心交通站点间高频次、快速的转运车辆，最大限度地方便乘客换乘，减少等候和延迟。

国外对这个问题解决得比较好，在一些中心交通枢纽已经实现了各种交通方式的无缝连接。法国巴黎机场已经实现了航空、铁路、城铁和公交的无缝连接，不用出机场就可以直接换乘其他交通工具到达自己想去的地方。

目前，在我国城市中由于早期城市规划与建设的原因，要实现各种交通方式间的无缝连接还具有相当的难度。因此，必须逐步加以解决，加强各种交通方式的相互协作，实现人性化连接。

第四节 城市交通的人性化管理

一、促进城市交通管理手段的现代化

城市交通的人性化管理必须依赖于城市交通现代化管理来实现，城市交通管理现代化是城市交通管理人性化的基础。近年来，通过实施畅通工

程，城市交通管理已打下了较好的基础，处在重要的转折时期。要实现城市交通管理手段的现代化，就要掌握科学的现代化的管理方法，吸收发达国家的管理经验，把现代交通工程的理念和方法、规范完善的工作机制、科学合理的勤务制度、现代化水准的法制和服务等要素全面融入交通管理，提高信息化水平，加强信息应用，重新组合和分配包括警力在内的管理资源，形成信息化和管理工作互相促进的良好局面。

智能交通运输系统（ITS）作为一个概念性的名词确定于20世纪90年代初，是在80年代后半期美国的智能化车辆与高速道路系统（IVHS）、欧洲的道路交通安全设施高效率或安全计划（PROMETHEVS）以及日本的路车间信息系统（RACS）等开发计划基础上形成的，即智能化交通系统。ITS将人、车、路、环境系统通过技术群，如先进的信息技术、数据通信传输技术、电子控制技术、计算机处理技术、传感器技术等有机地联合成为一个运行有序的系统，使其综合地运用于整个交通体系中，从而达到提高交通运输的效率，保障交通安全，改善环境质量，提高资源利用率的目的。目前，美国、欧共体和日本关于ITS的开发研究走在世界的前列，我国现在应大力推进ITS的运用。

（一）ITS的效用分析

1. 道路交通更加通畅。通过ITS可以实时地采集并动态地提供交通信息，交通出行者可以选取最佳的出行时间和交通方式，汽车出行者可以选取最佳的行驶路径，因此，交通系统的"时间资源"和"空间资源"可以最佳地得到利用。

2. 道路交通系统的安全性将得以改善。先进安全车辆系统（ASV）和自动化高速道路系统（AHS）的应用，将为驾驶员的安全驾驶提供支持，从而可以及时地发现前方的危险信息，避免各种可能的突发事件，甚至可以实现自动驾驶，从而提高交通系统的安全性。

3. 物流运输得以高效与合理化。可以向货运车辆提供交通信息，实现物流中心的自动化、信息化、系统化，有效地进行物流的集配，形成合理的城市间和城市内物流运输系统。

4. 交通环境得到改善。随着交通阻塞的改善，交通流将变得通畅，交通环境（废气、噪声等）也自然地得到改善。

5. 创造出新的产业。先进安全车系统、车载导行系统、不停车收费系统以及电子、通信、信息等技术形成的信息采集、处理、发布的硬软件等皆可成为全球性的广阔产业。

(二) 对中国发展 ITS 的建议

在我国许多城市，如北京、上海等正在逐步实现智能交通系统的应用。中国的城市发展普遍受到人口密度大、交通基础设施不足和经济发展水平的限制，因此，在未来相当长的时间内，其交通系统结构必将以公共交通系统为主，个体交通会受到一定的限制。在中国发展 ITS，需要正视社会系统信息化程度相对较低的现实。

1. 制定中国 ITS 体系结构。要建立国家智能交通系统开发研究的推进组织，以确保 ITS 计划的制定、实施，以及各种资源的最佳利用，统一全国的 ITS 标准，进一步与国际接轨。要建立中国 ITS 发展的功能体系结构、标准体系结构、技术体系结构、信息体系结构、组织体系结构、时空体系结构，使系统模块化、技术模块化、设备模块化，具有最大限度的兼容性，并形成系列标准，有效地综合运用于中国不同层次的交通体系，满足现实交通和未来交通的需求，建立一种大范围、多层次、全方位的实时、准确、高效的交通综合管理系统。

2. 发展 ITS 与中国国情相结合。我国的交通设施目前大多数处在原始模式和机械模式时期。面临交通阻塞、低效率、多事故、环境污染和高能耗，我们必须改变交通的传统模式，由交通基础设施建设型向综合治理型转变，由局部型向系统型转变，但这种转变不能脱离中国国情。要制定承上启下的政策、技术、标准等，充分利用现有设施，逐步地分阶段实现中国 ITS 的发展。发达国家在 ITS 的开发研究方面起步较早，并取得了不少的成果和研究经验，我国有必要通过国际合作借鉴这些国家的成果和经验。

3. 实现中国 ITS 产业化。中国 ITS 产业化必须依靠政府引导，市场调节。大学、科研院所是中国 ITS 产业化的技术力量，企业是 ITS 产业化的主体。应通过产学研相结合，以及多元化参与等方法，形成具有内在强烈创新机制，能够持续发展的产业体系。近期，中国 ITS 产业化的重点是交通地理信息系统、城市交通综合管理系统、车辆定位及信息采集发布终端设备、道路自动收费系统等。要设法培养大批 ITS 人才队伍，建立 ITS 学科，加速 ITS 产业化，只靠"修路、限车"的措施并不能解决交通系统的根本问题，中国需要一大批修路队伍但更需要一大批 ITS 技术开发队伍。

二、实现交通管理中的人性化执法

（一）理顺城市交通管理体制

目前，我国城市交通管理有关职能部门缺少相互协调，一些交通建设项目缺乏统筹规划，不仅降低了城市交通设施的利用效率，而且影响了城市交通投资的综合效益，应尽快扭转这一现象，坚持统一领导和专业管理相结合，加快完善交通运输的各类法规、规章。上海市已经设立了由计划、规划、建设、运输、投资、管理等涉及交通的政府有关职能部门领导组成的上海市交通领导小组，并由市领导担任组长，主要负责制定上海市及周边地区统一的交通规划和交通政策，协调重大交通项目的投资建设等，领导小组办公室设在上海市城市交通管理局，成员由有关管理部门选派，条件成熟后，计划成立上海市交通委员会，来统一领导上海市的城市交通管理工作。上海的成功做法值得借鉴，同时各城市可以根据自身的实际情况探讨对城市交通进行有效管理的模式，最终确定适合本城市、本地区的交通管理体制。

（二）交通管理的人性化执法

1. 落实交通执法的"告知"义务。违法告知实际上是一种预警制度，是交管部门的工作职责，体现了执法工作的透明、公开，应当成为交警执法的必经程序。"杜宝良万元罚款"事件就是一个没有履行"告知"义务的典型案例。对此，中国政法大学的蔡定剑教授提出的见解是，合法的告知义务，就是执法机关以书面或口头的方式通知违法者本人，即司法上的"送达"。交通违法与其他违法行为有一个明显的不同，那就是绝大多数交通违法行为并非故意，而是在不知不觉中发生的，常常是犯了法而驾驶员却浑然不知。原因是多方面的，有的是因为司机对交通法规和路况不太熟悉，有的是因为驾驶技术不熟练等。杜宝良在同一地段、路口被"电子警察"记录 105 次违章，却毫不知情，这就需要交警部门建立并严格执行违法告知制度，当司机第一次出现违法行为时，及时告知、警示他们，避免重复违法，重蹈覆辙，绝不能搞"秋后算账"。"不教而诛"的处罚既不人道，也暴露了交管部门责任心的缺失。从执法的人性化方面讲，交通违章处罚应当"先礼后兵"，一案一遇知，即先明确告知司机这里有"电子警察",切莫违章,如果驾驶员充耳不闻,我行我素,硬要闯"红灯",则再处罚。交警执法是为了监管交通,减少违章,最终"消灭"交通违法,确保交通畅通无阻,而告知制度或公开电子眼恰恰可以起到警示司机安全行车的作用,与交警执法的指导思想是一致的。

2. 加强与被管理者的沟通和互动。作为交警要尊重交通参与者或交通违章者的心理感受和人格尊严,一是要"以情动人",就是要求管理者带着感情去管理,在执勤执法的态度、方式中体现公正、公平、快捷等富有人情味的要求,引发人们积极的情感体验和心理感受的提升。二是要"以义感人",在交通管理中体现人类伦理道德的优秀思想,如平等待人,维护正义,用心去关注人、关注人性,使人们感受人道主义精神,感受真情实意。三是要"以言行诱人",交警执勤时使用贴切的、温和的话语,会给交通参与者带来亲切感和认同感。交警在处理交通违章时,首先要有一个标准的敬礼、一句规范用语、一个明确告知、一副严整的警容警姿。

三、严格控制城市交通污染

(一)严格控制机动车的排放标准及检查措施

城市交通环境的监测表明,机动车尾气排放已经成为我国许多大城市空气污染的主要来源之一,因此,必须有效控制机动车尾气污染。以往是通过改进燃油品质在一定程度上控制在用车辆污染物的排放量,但由此带来的其他一些技术上的问题,还有待进一步研究和统筹。在国外,I/M制度的实施对控制在用汽车的排放污染是一个有效的途径。所谓I/M,就是通过对在用汽车的检查,确定其排放污染严重的原因,然后有针对性地采取维修措施,使在用汽车最大限度地降低排放污染物。许多发达国家都在依靠执行严格的I/M制度来控制在用车辆排放污染,取得了良好的效果。北京市和上海市在执行I/M制度方面已初见成效,值得其他城市借鉴。就我国多数城市的汽车维修技术发展水平而论,依靠现有的汽车检测与维修网络,实行一整套汽车检查维护制度,是更切实际、经济有效地控制在用汽车尾气排放的策略。

1. 加强立法促进汽车检测维护制度的全面落实。一个行之有效的规章制度的实施,必须要有强硬的政策措施支撑。对在用汽车的技术管理,不能继续部门条块分割、管理机构重叠、职能交叉的局面。我国的依法治国的方针正在迅速推进，在车辆排放控制方面也要形成高层次的配套法规，用以指导和规范各经济管理部门的行为，避免部门规章由于受职能、工作性质和信息知识等方面的局限而缺乏普遍的法律约束力。

汽车污染物排放与汽车故障密切相关，汽车故障与使用时间、维修状况有关，如果不坚持对在用车辆定期检测、强制维护，就会给汽车排放控制造成漏洞和死角。为此，要通过立法加大控制力度，监督在用车辆执行车辆维护制度；同时通过严格的制度规范维修机构执行较严格的机动车尾气排放标准，严格禁止超标排放车辆在城市道路上行驶。

2. 进一步强化汽车检测维护的工序。我国实行的是"定期检测、强制维护、视情修理"的汽车检测维修制度。要保证汽车的尾气达标，必须对车辆检测、维护的单位坚持资质认证；要确定对在用车辆的检测和维护的周期并严格监督执行；对在用车辆的检测维护必须按照决定的工艺规范和技术标准进行操作，绝不允许简化或省略规定的工艺过程，在检查中发现的问题要及时报告，并由有关部门随时对违反者进行处罚。

3. 尽快完善检测维修行业的设备。如果没有先进的检测维修设备，就很难使在用汽车在污染排放方面达到正常的工作状态和新国标的要求。为此，应在完成原测试项目的基础上补充或更新旨在加强控制在用汽车排放的设备，做好硬件的准备，对在用汽车进行检测和维护，并实行运行状态监控，其主要目的是从保持和恢复汽车的技术性能出发并保证汽车排放达标。

4. 建立控制汽车排放的监督评估体系。通过技术保障体系和行政管理系统的正常运作，维修企业出厂的汽车的排放污染一般是可以达标的，但是，对路上运行的每一辆汽车是否都符合排放标准，应当用抽样合格率指标进行监控。汽车排放控制的监督评估体系应包括汽车污染物排放的监控、检测设备技术状况的监控、对尾气抽检不合格车辆的处罚监控、宏观监控评估制度等，也可采取经济手段，如征收汽车尾气排污费等，鼓励车辆更新和清洁能源的使用。要依靠科技进步，积极开发超低排放车辆，并鼓励其使用；积极开展宣传教育活动，增强市民的环保意识和法制观念，鼓励市民使用清洁能源的交通工具，并主动举报超标排放车辆。

（二）设立禁鸣道路和区域并严格执法

近年来，我国的噪声污染日益严重，大多数城市处于中等噪声污染水平。上海市目前的昼间道路交通噪声为70.3~72.6分贝，夜间为65.4~67.1分贝，而中心区绝大部分处于超标状态，上海市民对噪声扰民的投诉量占总的环境保护方面投诉量的50%左右，其中交通噪声扰民投诉占20%以上。可见，交通噪声污染已经或正在成为我国城市发展过程中一个不容忽视的问题，必须加以严格控制。一要以城市中心区为重点，严格执行国家标准，逐步扩大机动车禁鸣范围，营造安静的居住环境；二要逐年降低新车的噪声限值，进一步严格制定与我国国情相符的国家标准；三要结合城市干道建设，开发、应用降噪新技术，在高架道路、外环线、高速公路入城段积极试行吸声路面、吸声涂料等降噪措施；四要进一步开发轨道减震、封闭型隔声屏障技术，并逐步改造现有隔声屏障；五要科学组织交通，开辟载重车夜间专用道，把噪声局限在局部范围，并限制夜间车辆的行驶时间和速度；六要进一步明确责任主体，采用经济手段，对交通噪声控制实行"谁实施，谁负责"的原则加强治理、整顿。

（三）加强城市交通绿化、美化建设

城市道路规划建设的目标应为道路断面在一定时间内通过的人更多，而不是车更多，而人对于环境有着更高的精神诉求，因此，在道路规划建设时，必须重视街道景观、绿地及市民步行空间等的建设，从而改善市民出行环境，营造良好生活空间。

为美化道路，协调环境，应该加强城市交通绿化建设，包括人行道绿化、分车带绿化、基础绿带、防护绿带以及广场、停车场绿化和街头休息绿化等形式。城市道路绿化宽度宜为道路红线宽度的15%~30%，对于游览性道路、滨河路及有特殊美化要求的道路可适当提高绿化比例。要注意分隔带与人行道上的行道树的枝叶不能侵入道路界限，弯道内侧及交叉路口视距三角形范围内不能种植高于最外侧机动车道路面标高1.2米的树木，弯道外侧应加密种植以诱导视线。同时，广场绿化应根据广场的性质、规模及功能进行设计，结合交通导流设施，可采取封闭式种植；对于休憩绿地可采用开敞式种植，并可相应地布置街头小品、坐椅、水池和林荫小道。对于交通广场，绿化必须服从交通组织的要求，不得妨碍驾驶员的视线，可用矮生常绿植物点缀交通岛。

四、推进城市交通人性化发展的教育

（一）提高市民对人性化城市交通发展的认识水平

人性化的城市交通是为满足市民的日益增长的交通品质需求产生的，同时也需要广大市民积极参与人性化的城市交通建设。应通过制作人性化城市交通发展的纪录片，凭借电视、广播等媒体的宣传来加强社会对于人性化城市交通的认识。同时在全民基础教育中加入城市交通人性化发展的教育，因为人性化的城市交通发展是以满足人的需求为根本目的，充分尊重人在城市交通系统中的地位，人性化城市交通发展的最终结果也是让社会公众受益。

（二）促进城市交通建设和管理者的人性化意识

传统的城市交通管理过于理性、刻板、冷峻，不能满足人们需求阶梯化上升的内在需要。人性化城市交通管理是形势发展的必然趋势，需要管理者具有人性化的意识。2003年8月，公安部新出台的30项便民服务措施尽显人性化内涵，其中交通管理方面占了17项。促进城市交通管理者的人性化意识就是要求交通管理者富有情感和精神的因素，尊重人们的内心要求和人格尊严，时时处处想群众所想、急群众所急，把方便群众和满足群众需求放在第一位，为群众提供优质服务和科学管理。

1. 加强执法队伍建设。执法队伍的建设，对于执法效果有着很强的因果关系，同样一条法规、一个事件，在不同的执法人员的处理下，可能会产生不同的效果。因此，加强执法人员的培训、教育、管理，对于建立和谐的警民关系有着潜移默化的长期效果。同时，要在城市交通管理者中注重文化建设，进一步将现代人文文化融入交通管理队伍中，体现新型的管理理念和人文关怀。作为警队要为交警创造良好的工作环境，包括良好执勤装备、休息场所、办公场所、各种文体活动、定期体检、公休假、心理咨询、待遇提升等等，使交警从比较紧张的工作中得以缓解和释放，心理减压，体现出浓厚的文化氛围和对交警的关爱及温馨。

2. 增强交通管理者人性化意识。交通管理者必须从交通管理的小事做起，使交通参与者在完成交通参与活动全过程中感觉满意。当前主要应从五个环节入手：一是在车辆管理、事故处理等窗口单位中落实"一站式"服务，提供优质服务，寓管理于服务之中；北京在全国率先推出

"车牌尾号无4"的管理新举措,就是对人的心理感受的尊重。二是让交通标志等体现人性化,体现人文精神。目前,交通标志形式单一、内容枯燥,不易引起注意。随着交通运输业的快速发展,交通标志的作用越来越大,因此,应寻求交通标志的新突破,更加体现人性化;可以添入生动的画面,辅以简洁的人性化文字,使交通标志更富有生命力,使交通安全理念得以强化,增强宣传效果。三是加大交通管理科技投入,最大限度地运用现代科学技术和现代化科技产品,大力发展智能交通,推广运用路边可变情报系统、车载电脑系统、交通信息诱导系统、GPS定位系统、电子监控系统、违章记分IC卡信息系统等先进管理手段,使交通参与者感受到便捷、安全、畅通。四是推广路面人性化执勤和人性化执法,在路面交通秩序管理中交通管理者与被管理者"面对面"的接触频率是最高的,是人性化管理的重中之重,更是开展人性化管理最直接的体现。为此,要在管理方式、管理措施和管理者素质上下工夫,深入调研,逐步改进,使管理富有人情味,使管理包含人性化。五是加强交通管理者与被管理者的沟通,定期开展面对面交流、互动、倾听意见,相互理解。

(三) 加强市民对城市交通人性化建设和发展的监督

城市交通建设项目立项之前要进行论证,应该吸收广大市民参与论证及监督。城市交通道路建设涉及千家万户,应该建立通报制度和公示制度,将开工日期、建设内容、完工日期详细说明,让市民群众进行监督。要注意从资金分配入手,做到均衡施工,避免道路建设工期集中,造成交通拥堵。在道路建设中,要做好规划工作,地下管道建设尽量做到一步到位,避免重复开挖,影响市民出行。

(四) 推进市民交通安全意识教育

1. 交通安全终身教育。交通安全教育不应当是一个阶段性教育,而应当是一种终身教育,即从入小学开始,就应当接受相应的交通安全知识、常识的教育;而毕业进入社会后,仍然能从各种方面渠道得到相关的信息来继续强化这种意识,使之成为一种国民习惯。

2. 交通安全宣传。日本福冈有500多万人口,近5年来,交通事故年平均死亡人数为330人,事故率很低,这与福冈坚持推进交通安全综合计划,实施交通安全对策等一系列措施密不可分。日本每年举行四次交通安全县民运动,由知事带头,运动本部人员一起参加,上街举行发宣传资料、赠送纪念品等交通安全宣传活动，同时每年分别召开一次交通安全县民大会和儿童交通安全大会，表彰一批交通安全优秀的团体和个人，并通过新闻媒体开展安全教育，仅福冈的5个民间电台，每年广播宣传283次。

因此，我国的交通安全宣传要改革传统模式，要尽快建立和完善政府领导、部门协调、各方负责、齐抓共管的社会化交通安全宣传教育体系，采取多种方法，不断提升交通参与者的交通文明素质；要加强交通安全社会化宣传，如在出租车、公交车上播放交通安全方面的"温馨提示"，在可视媒体上播放交通安全公益片等，每年在各级单位召开交通安全大会，表彰交通安全优秀团体和个人。

第五节 本章小结

本章在对城市交通发展模式的对比和分析的基础上，提出了以人性化观念为统领、以人性化规划为抓手、以人性化评价为准绳、以人性化管理为手段的人性化城市交通发展的模式。再从规划、建设和教育三个方面论述了人性化城市交通的发展措施，认为制定发展战略规划是前提，推进设施建设是基础，加强人性化管理是关键，只有兼顾这三个方面，才能构建和谐的、人性化的城市交通。

第六章 武汉市构建人性化城市交通的实证研究

第一节 武汉市交通发展的现状分析

一、武汉城市交通发展现状

武汉是中国中部地区特大中心城市,与北京、上海、广州、重庆等城市均相距1000公里左右,是全国公路、铁路、航空、水运、邮政、电信的枢纽和集散地,具有明显的交通区位优势。武汉不仅是我国中部地区最大的工业、商业和贸易中心,也是我国最大的内河港口城市和产业基地,具有"两江交汇,三镇鼎立,山水相间,江湖密布"的独特空间形态。2005年,全市人口达到801.36万人,人口密度为943人/平方公里。其中主城区人口达到421.8万人,人口密度为5012人/平方公里。

(一)武汉城市交通概况

2005年,武汉市公路通车总里程5056公里,公路面积4988万平方米;城区道路总里程为2174公里,路网密度6.1公里/平方公里,总面积3625万平方米,道路面积率约为11%,人均道路面积8.8平方米。武汉交通已基本形成以城区快速路、主干道、内环、中环、外环等为主骨架构成的"环形放射状"骨干路网,其中,内环线28公里,中环线88公里,外环线188公里。

武汉城市交通机动化水平近年来快速提高。2005年,武汉约有65.3万辆机动车,"十五"期间机动车年均增长率为13%,千人拥有机动车约82辆。其中主城区有44.3万辆机动车,千人拥有机动车约105辆。私人机动车拥有量达到41万辆,占全市机动车总量的62.9%,比上年增加了约 3.5 万辆。其中，私人客车比 2004 年增长 3.2 万辆，达到 15 万辆，年增长率为 27.2%。

2005 年，武汉市公交运行线路为 216 条，线路总长 4028.4 公里，平均线路 18.65 公里；公共汽、电车 5201 台，日客运量 276.6 万人次；轮渡航线 9 条，营运船舶 16 艘；公交站场 50 个，公交站场用地 75.01 公顷；我国自主研发的第一批环保混合动力车 2005 年 12 月在武汉开通了 599 路，成为电动汽车示范运营城市的标志。全市客运出租车 12137 辆，分属 98 家公司。轨道交通一号线一期工程宗关至黄浦路段已于 2004 年 9 月投入商业运营，二期工程宗关至吴家山段已于 2005 年 12 月开工建设。

（二）武汉城市交通存在的主要问题

1. 中心区交通拥堵，过江交通不畅。2005 年，武汉市市内交通较为拥堵，高峰小时交通流量大于 5000 辆的路口达到 55 个。其中，在 7000～1 万辆的路口有 23 个，大于 1 万辆的路口有 5 个。中心区主干道平均车速仅有 26.3 公里/小时，中山大道、友谊路—新华路由于流量较大，调查日车速仅为 3.3 公里/小时；徐东路上团结路—友谊大道调查日车速仅为 7.8 公里/小时。旧有的交通堵点，如航空路、黄浦路、古琴台、大东门、徐东平价、付家坡、小东门、岳家嘴、梅家山、竹叶山等还没有改善，新的堵点，如街道口、卓刀泉、王家湾、二七路、鲁巷广场等不断出现。由于特殊的地理环境，过江交通是武汉市最重要的交通问题，但近两年来，遇到相应的道路施工，武汉交通管理部门就采用按车辆号牌尾数单双日通行的办法，表面上车流可以较为顺畅，却是以牺牲车辆的正常出行为代价的。

2. 交通基础设施和管理手段落后。"十五"期间，武汉交通基础设施建设的投资达到了 355 亿元，比"九五"期间增长了近两倍，但是，武汉主要道路的统计指标与同类城市相比，还有一定的差距，武汉市的路网密度、道路面积率、干道网密度和人均道路面积都低于南京、沈阳和成都，其中道路面积率远低于国家标准，人均道路面积也只是达到国家标准的最低值。同时，交通标志、标线缺乏连续性、系统性，交通控制技术落后，主要采用单点、定周期的控制技术，有些路口主要靠交警人工指挥来疏导交通，不具备大面积调控交通流的能力。

3. 停车场等服务设施不足。2005 年，武汉市主城区机动车拥有量达到44.3万辆。机动车的快速增长给停车问题带来较大压力，供需矛盾日益突出，停车位严重不足，城区仅有停车泊位约13.7万个，其中配建停车泊位10.2万个，路内咪表泊位和临时停车泊位2.6万个，公共停车场泊位0.9万个，老城区内的车辆停放主要依赖路面停车，有限的道路被挤占。停车泊位的分布也不合理，大部分集中在汉口，汉阳仅有10%左右。目前，武汉市市区大部分公交车停靠站为杆式招呼牌，港湾式停靠区很少，公交车沿路停靠占用行车道，妨碍了车辆通行，容易造成交通拥堵；有部分公交站点就设在非机动车道上，公交车辆的快速进出造成了很大的安全隐患。同时，公交服务设施简陋，还谈不上提供文明、舒适的候车环境。

4. 交通污染比较严重。武汉市由于主干道车流密度逐年增加，车辆在拥挤的交通环境中长时间处于低速、怠速、急加速、急减速的不稳定的状态中，油品燃烧极不充分，在浪费资源的同时，加剧了道路上的空气污染。据统计，武汉排放的氮氢化合物中22.8%基本来自交通污染源，市区交通尘、地面尘对城市环境空气质量的影响平均达到45.2%，加上机动车低空排放的特点，直接伤害人的身体健康。武汉市的道路噪声污染也十分严重，2005年，城市区域环境噪声平均值为55分贝，中心城区主要道路的交通噪声平均值达到69.7分贝，在全国47个环保重点城市中排名第42位，交通噪声在城市噪声声源构成中占到14.3%。

5. 交通秩序比较混乱。武汉市的交通拥堵一方面是由于交通基础条件的不足，另一方面更重要的原因是交通秩序的混乱。一是行车秩序乱。一些机动车驾驶员开霸王车，乱压线和变道、乱插队和抢道、乱掉头和超车，这在一些特权车、出租车、公交车中表现突出。二是道路被侵占。武汉停车设施不足，一些公汽和社会车辆占道停车，一些人行道（包括盲道）被违章建筑、摆摊设点、机动车和非机动车等侵占，行人被挤上非机动车道甚至机动车道。三是行人违章多。一些人无视交通信号和车流状况，乱穿马路，车行无法顺畅。四是管理水平差。一些路口的灯光信号和导向标志设置不尽合理，标志标牌不全，导致车流不畅；一些道路被频繁开挖，一些道路施工旷日持久，一场暴雨就会造成大面积滞涝；一些人在学校门口接送学生无序，一些商家大型促销活动的占道，都是武汉街头常见的情景。这些问题需要城市管理者切实树立以人为本的观念，采用更多科学化、人性化的措施加以解决。

二、中部崛起战略与武汉城市交通

(一) 武汉与中部崛起

我国中部地区包括山西、河南、安徽、湖北、湖南、江西六省，占到全国国土面积的 10.7%、总人口的 28.1%、国民生产总值的 23.4%，历年来都在全国经济中具有举足轻重的地位，是我国重要的农产品生产基地、能源基地和重要的原材料基地，拥有比较雄厚的工业基础、科技、教育和人才优势和丰富的自然文化资源。但是，中部地区人口多，经济发展水平相对比较低，改革开放以来，中部地区的发展相对滞后。党的十六届四中全会《决定》明确提出要"促进中部地区崛起"。2006 年 3 月，温家宝总理所作的政府工作报告提出，积极促进中部地区崛起，充分发挥中部区位、资源、产业和人才优势；加强现代综合交通运输体系、现代流通体系和现代市场体系建设；增强中心城市辐射功能，带动周边地区发展。

武汉市在中部地区具有得天独厚、无可比拟的区位优势，是全国少有的集铁路、公路、水运、航空、邮政、电信于一体的交通、通信枢纽。同时，武汉拥有较为雄厚的科技教育综合实力，已形成门类齐全、配套能力较强的工业体系，是华中地区最大的商业流通中心，城市生产总值居中部城市之首。许多专家认为，武汉应成为中部崛起的龙头城市。

(二) 抓住机遇构建中部交通枢纽

中共武汉市委书记苗圩提出："只有抢抓'中部崛起'战略机遇，努力加快公路、铁路、水路和航空建设，才能发挥中部重要战略支点的地位和作用。"武汉要在中部崛起中发挥龙头作用，交通必须先行，其重点就是要尽快地实现外联内通、便利通达，充分发挥武汉在全国、在中部交通中的枢纽作用。

近年来，武汉交通建设投资规模全面增长。"十五"期间，武汉交通建设投资相当于"九五"期间的 7 倍，规划"十一五"期间将在"十五"的基础上再翻一番，打造促进中部崛起的新通道。在公路方面，武汉至周边 8 座城市共计 209 公里高速出口公路建设已全部启动，预计 2008 年全面建成，京珠、沪蓉、闽乌高速公路国家干线武汉段全部建成通车。在铁路方面，2005 年恢复成立武汉铁路局，武汉被确定为中国四大路网性客运中心之一，国家规划建设的"四纵、四横"客运专线，有一纵（北京—深圳）一横（南京—成都）在武汉交汇，武汉段均已提前开工，5年之后可初步建成。在航空方面，可同时停靠22架大型飞机的天河机场第二航站楼，预计在2007年投入使用，这样，武汉航空港将成为继北京、上海、广州之后的全国第四大枢纽机场。在水运方面，长江与汉江综合整治、航道疏浚、集装箱码头等水运重点项目业已全面推进，到2010年构建长江中游航运中心的基本框架，2015年建成长江中游航运中心。预计"十一五"期间，随着航空、铁路、公路和水运中心枢纽的全面建成，武汉将成为中国最大的集水、陆、空于一体的交通枢纽。

（三）以顺畅的武汉城市交通促进中部崛起龙头的形成

城市交通作为城市社会经济活动的动脉，在城市发展中起着极其重要的作用，城市交通的高效畅通才能使城市的运转高速顺畅。武汉城市交通的建设水平，直接关系到湖北乃至中部地区的经济发展动力和水平。要把武汉建设成为中部崛起的龙头城市，就必须加快武汉的城市交通建设。为此，应该利用中部崛起的战略机遇，结合武汉城市特点，建立以人为本的交通系统，通过公交优先等措施，创造高效、安全、舒适、便捷、环保的出行条件，为市民和外来者提供一个高质量的交通系统，提高武汉的城市凝聚力和亲和力。

近年来，武汉市加大了城市交通的建设力度。2002年，武汉市制定了内环线交通综合整治规划，确定武汉内环按快速道路的标准改造，内环线由环线车道和辅助车道组成，设双向4～6车道，两侧设非机动车道和人行道，环线主线及桥梁设计车速为60公里/小时，辅道设计车速为40公里/小时，使之成为连接三镇的快速客运通道和重要的景观性道路。

从2003年起，武汉对解放大道航空路至黄浦路5.8公里开始综合整治，内环线交通提速启动，循礼门下穿通道、香港路立交已于2005年年底完工，江汉一桥综合改造工程于2005年6月完成，作为徐东立交一部分的下穿通道于2006年3月通车。同时，为保证行人过街安全和车流的顺畅，修建了武展、武广、武汉剧院、古琴台、徐东路、水果湖等地下通道，将人车分离。2006年上半年，武汉市启动了阅马场立交工程（见图6-1）。最近还将启动岳家嘴立交、傅家坡立交、徐东高架等工程的建设，并在建设立交的同时，在内环线路上建设一些横穿的人行通道。

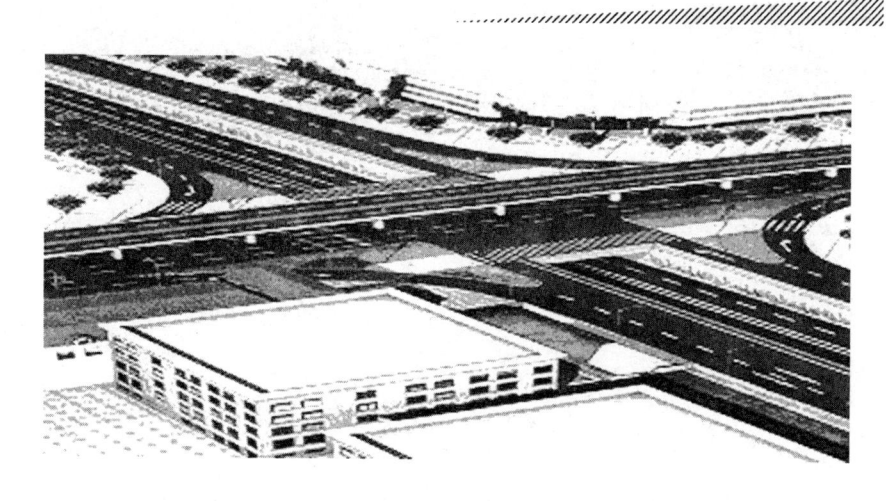

图 6-1 徐东路立交规划示意图（转引自搜房网）

此外，武汉还分别在 2004 年 11 月和 2006 年 7 月开工建设长江隧道工程和武昌珞狮南路二环线下穿通道工程，2006 年 6 月武昌火车站改造工程开工，武汉将同步开建梅家山立交等配套工程。到 2008 年，武汉城市交通将大为改观。

三、武汉城市圈建设与武汉交通

（一）关于武汉城市圈

城市圈，是指在城市群中出现的以大城市为核心，周边城市共同参与分工、合作、一体化的圈域经济现象。我国城市圈发育最好的长江三角洲地区，已经从城市密集发展阶段，进入以各中心城市为核心发展经济一体化的城市圈，进而推动以上海为龙头，形成长江三角洲经济一体化城市带的阶段。

武汉城市圈，是指以武汉为中心，以 100 公里为半径的城市群落，包括武汉以及黄石、鄂州、孝感、黄冈、咸宁、仙桃、潜江、天门 8 个中小城市，面积达 6 万平方公里，是目前武汉的 7 倍多，是湖北乃至长江中游最大、最密集的城市群。2004 年，这一城市群以全省 33% 的土地，承载了全省 50% 以上的人口，提供了全省 60% 的国内生产总值和 62% 的社会商品零售总额，是湖北产业和经济实力最集中的核心区。这一区域虽然城市密集，基础较好，但是，经济发展彼此分割，远未形成以武汉为核心、优势互补、资源共享、市场共通、利益共有的城市圈经济一体化格局。

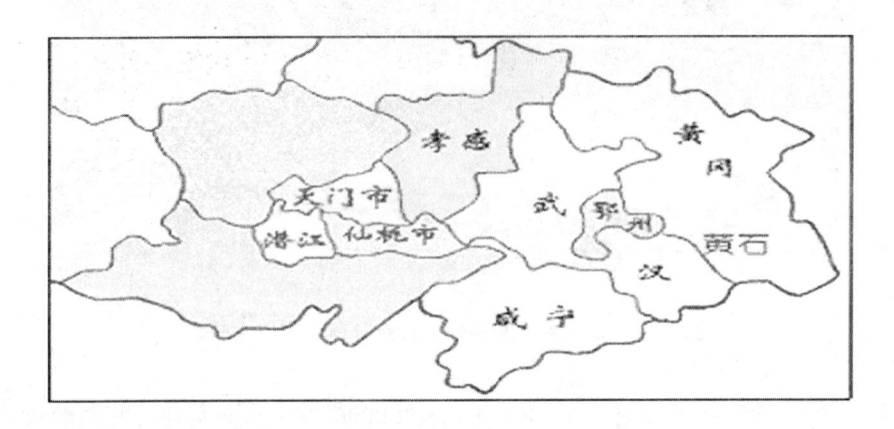

图 6-2 武汉城市圈示意图（转引自中部崛起论坛网）

2002 年 6 月，中共湖北省委书记俞正声在湖北省第八次党代会上明确提出武汉经济圈概念，要求"武汉作为全国特大中心城市之一和全省的经济龙头，要充分辐射和扩散自己的优势，发展自己，周围的地区也要充分利用武汉这个优势来发展自己"。2003 年 6 月，湖北省省长罗清泉在政府工作报告中，明确提出将启动武汉城市圈（见图 6-2）建设作为当年工作重点。2004 年 10 月，武汉城市圈建设全面启动。

（二）构筑推进武汉城市圈建设的武汉交通

武汉市和武汉城市圈的交通设施基础比较薄弱，必须加快发展，才能适应未来交通量大幅度增长的需要，为此，实现区域交通一体化和彼此交通的顺畅对接是十分关键的。只有建设区域快速交通系统，实现互联互通，才能改变武汉城市圈的时空割裂的状态和各城市的人们在居住、就业、发展和商务活动的传统习惯，促进资金、技术、人才、信息的多向交流，才能优化配置资源，取得最佳效益，实现多方共赢。

武汉是全国少有的集铁路、公路、水运、航空于一体的交通枢纽，但是，武汉城市圈范围内还没有形成一个互联有序的立体交通网络。为此，一要加快解决区域内交通设施问题,全面提升航空、铁路、水运的运输能力;二要推进区域内高速公路网的建设,构成高速连通道主骨架。三要推进建设区域内各城市的对外交通设施与市内交通系统的有效对接和无缝换乘,提高区域交通网的效率。

武汉作为城市圈的核心城市,要切实带动武汉城市圈的整体发展,就必须着眼于区域的整体协调发展,优先做好城市交通的基础性工作,起先导性的作用。为此,一要加快打造武汉与区域内城市间的"一小时交通圈",武汉市规划的7条高速出口路均已开工,预计2008年全部建成。二要积极推进城市快速路、主干路、轨道交通和连通路建设,形成复合型、合理密度的交通走廊,优化城市的布局,使城市的聚散功能更好地得以实现。三要建设高标准的辐射区域的交通枢纽,实现与外来交通的有效对接和无缝换乘。四要积极实施以公共交通为主导的交通发展模式,提高公交出行比例,形成更为人性化的城市交通体系。

第二节 武汉市城市交通的人性化评价

一、武汉市城市交通的客观指标值

(一) 万车交通事故死亡率

2005年,在武汉因交通事故死亡的人数为445人,万车交通事故死亡率为6.8;其中主城区因交通事故死亡的人数为246人,万车交通事故死亡率为5.6,属A级水平,得分为:$f_1=95$。

(二) 万车交通事故率

2005年,武汉全市共发生交通事故1950起,万车交通事故率为29.9;其中主城区发生交通事故1251起,万车交通事故率为28.2,属A级水平,得分为:$f_2=95$。

(三) 主干道平均车速

2005年,中心区主干道平均车速为26.3公里/小时,属B级水平,得分为:$f_3=85$。

(四) 平均行车延误

2005年,武汉的平均行车延误为30秒/公里,属A级水平,得分为:

$f_4 = 95$。

（五）空气污染指数

2005年，武汉中心城区环境空气质量良好，空气污染指数（API）平均值为85，全年有271天空气质量状况为优良，占全年天数的74.3%。属良好水平，得分为：$f_5 = 85$。

（六）噪声强度

2005年，武汉市的道路交通噪声平均值为69.7分贝。属良好与一般之间的水平，得分为：$f_6 = 85$。

二、武汉市城市交通的主观指标值

2006年8月，作者组织了交通参与者对武汉城市交通满意度的调查，在汉口江汉路、西北湖广场、宗关、会展中心，汉阳钟家村、王家湾、青山红钢城、武昌街道口、销品茂、武昌火车站10个点，共发出并回收问卷500份。

（一）调查对象的构成

被调查者中，男性312人（占62.4%），女性188人（占37.6%）；青年250人（占50%），中年211人（占42.2%），老年39人（占7.8%）；武汉市民368人（占73.6%），外来务工者94人（占18.8%），外来路过武汉的38人（占7.6%）；步行者295人（占59%），骑自行车的91人（占18.2%），骑摩托车或电动车的38人（占7.6%），出租车驾驶员23人（占4.6%），公共汽（电）车驾驶员23人（占4.6%），其他机动车驾驶员30人（占6%）。

（二）调查统计数据及结论

1. 关于武汉城市交通安全状况的满意度。对武汉城市交通安全状况很满意和满意的129份（占25.8%），基本满意和感觉一般的300份（占60%），不满意的71份（占14.2%），得分为71.67分。

2. 关于武汉城市交通的方便快捷程度的满意度。对武汉城市交通的方便快捷程度感到很满意和满意的159份（占31.8%），基本满意和感觉一般的276份（占55.2%），不满意的65份（占13%），得分为72.79分。

3. 关于武汉城市交通道路环境的满意度。对武汉城市交通道路环境，主要是尾气和噪声状况感到很满意和满意的 53 份（占 10.6%），基本满意和感觉一般的 239 份（占 47.8%），不满意的 208 份（占 41.6%），得分为 62.82 分。

4. 关于武汉交警的管理满意度。对武汉交警的管理很满意和满意的 95 份（占 19%），基本满意和感觉一般的 318 份（占 63.6%），不满意的 87 份（占 17.4%），得分为 69.31 分。

5. 关于武汉道路设施的人性化建设的满意度。对武汉城市道路设施的人性化建设感到很满意和满意的 144 份（占 28.8%），基本满意和感觉一般的 284 份（占 56.8%），不满意的 72 份（占 14.4%），得分为 71.84 分。

6. 关于武汉城市交通总体感觉的满意度。对武汉城市交通总体感觉很满意和满意的 92 份（占 18.4%），基本满意和感觉一般的 353 份（占 70.6%），不满意的 55 份（占 11%），得分为 70.69 分。

可见，武汉的交通参与者对武汉交通的整体评价不高，对武汉市的道路环境污染和武汉交警的管理状况的评价更差一些。总的来看，武汉市交通参与者的满意度属基本满意的水平，得分为：f_7 = 75 分。[①]

三、武汉市城市交通的人性化水平

（一）计算

根据第四章中得出的公式，可以计算出武汉市城市交通的人性化水平指数：

$U = 0.35 \times f_1 + 0.12 \times f_2 + 0.10 \times f_3 + 0.10 \times f_4 + 0.06 \times f_5 + 0.02 \times f_6 + 0.25 \times f_7$

= 88.2

（二）结论

根据以上计算得出的数据，武汉市人性化城市交通发展处于良好的水平。

---

① 取值 75 分而不是 70.69 分是为了与计算模型中的其他数据取值的规则相一致。

第三节 构建人性化的武汉城市交通

一、制定有特色的人性化武汉交通发展规划

城市形态和交通特征是交通规划必须把握的基本要素。武汉市拥有九省通衢、居中独优的区位优势,三镇鼎立、均衡发展的城市格局,大江大湖、山水相间的自然特征,工业基础雄厚、商贸发达,科教资源丰富,历史文化悠久。目前,武汉市已基本形成以城区快速路、主干道、内环、中环、外环等为主骨架的"环型放射状"骨干路网分布形态,但是,如何更好地进行城市交通规划解决过江交通、中心区和内外交通衔接等交通问题仍是现阶段的重点。

(一) 坚持以人为本、人性规划的指导方针

人是城市构成中最重要的主体,交通规划应将以人为本作为指导工作的最高信条。以人为本、人性规划,就是要求在进行城市交通规划时要注重交通运行效率、社会公平、协调发展和环境保护,加强对居民出行需求选择的研究,根据居民出行意愿和意愿的满足情况,提供多种交通方式的选择。

城市交通规划要注重公共交通规划、自行车规划和步行系统的规划,并将这些内容贯彻到规划的各个层面。我国人口多、资源有限,私人小汽车发展的局限性很大,城市中的中低收入者的出行还是要依赖公共交通、自行车和步行,保证行人和自行车在城市道路上的安全行驶空间,是公平分配路权的基本要求,也是社会和谐的具体体现。人性化的武汉交通,应是步行交通、自行车交通、公共交通、轨道交通和小汽车交通和谐并行的。

(二) 注重交通设施规划的人性化细节

人民群众应该成为城市公共交通设施服务的受益者。规划、建设和管理部门在交通设施的设置上应充分体现以人为本,在细微处应体现对人的关怀和尊重,学习发达国家人性化的道路语言,如在某路口不仅标明不能左拐或右拐,同时还标明在哪儿可以左拐或右拐,以最大限度地方便交通出行者。

目前，武汉市的交通信号设施和安全设施严重不足，应积极改进。要提高中心区人行道标准，逐步扩大安装行人信号灯的范围和路口数量，在行人较多的路口，即使在小路上也应设置信号灯，避免交通流的混乱；应完善盲人和其他残疾人通过人行横道线的装置；在人流、车流繁忙的路口设置高质量的行人过街设施，增设安全岛，推广行人两次过街通行，兼顾车辆通行效率和行人尤其是老人、儿童和残疾人过街安全；在人流不大的路口采用行人自控的信号灯，以减少行人等待的时间，并提高道路通行效率。要改进交叉路口设计，推广渠化设施；要严格控制商业门点对人行道的占用，对非法占用人行道的行为加大处罚力度，让步行者无障碍行走；在有条件的商业区要设置与机动车完全分离的步行街和步行区；在新建住宅区要建设良好的步行设施，提高居住质量。

（三）推行道路公交优先战略

公交优先作为交通管理的现代理念，不仅是缓解城市交通拥堵的有效措施，也是改善人居环境、促进城市可持续发展的客观要求，是武汉交通现代化的必然选择。2004年，武汉市居民出行，步行占40.5%，自行车占20.4%，公交车占23.4%，其他为15.7%。可见，步行、自行车和公交车是武汉市居民出行的主要方式，三者之和占总出行量的84.3%。虽然随着武汉市居民生活水平的不断提高，小轿车开始以较快的速度进入家庭，但从总体来看武汉市居民中使用私家车出行的还是少数。

武汉市的公共交通目前存在的主要问题，一是公共汽车场站设施不足。2004年，公交车总量达到5015台，而公交场站停车能力仅有3300台，1000多台车只能在马路边占道停放、夜宿街头。二是公交场站布局不合理。有的基地型停保场（如古田停保场等）地处偏远，使公交车辆收发班及保修的空驶里程过长，增大营运成本，职工上下班也十分不便。三是公交场站建设规划不配套。公交发展规划一直没有纳入城市总体规划，随意性较大。四是在公交运营能力过剩的同时覆盖面不足。一些新建小区的居民出行难。

推行公交优先战略是一项复杂的系统工程，需要政府、社会、群众等各方面的共同关注、理解和扶持。为此，一要注重发挥政府的主体地位和主导作用，使公交优先的地位通过法律或行政手段得以确立。二要保证资金的投入，以完善城市公共交通场站设施，保证场站设施的数量、质量和合理布局。三要加快公交专用道系统的建设，包括优先单向、逆向专用线路的设置，保证公交车辆对道路的专用或优先使用权。四要优化公交线网的结构，合理配置公交资源，增大公交服务的覆盖面，发展人性化公交车辆，提高低踏板和残疾乘客可乘坐的公交车型和空调车的比例，提高公交服务水平。五要建设公共交通的智能项目，提升公交调度指挥水平，为出行人提供及时的信息服务，提高公共交通信息化水平和服务质量。六要采用积极合理的经济政策，建立规范的成本评价制度，企业承担经营的盈亏，由政府补偿政策性的亏损，改善公交企业的经营环境，增强公交企业在市场上的竞争力，同时保证城市公交的社会公益性质。七要通过强有力的宣传手段，在武汉市树立公交优先的大众意识，营造有利于城市公交发展的社会氛围，鼓励和引导人们更多地乘坐公共交通工具，减少个体交通方式的出行，提高公共交通的效率。

（四）加快武汉市轨道交通建设

目前，武汉轻轨只完成了一号线的一期工程，全长仅有 10.8 公里，不能形成规模运输轨道交通，而且没有与公交形成有效的换乘机制，效率不能完全发挥，还不能分担城市道路的交通压力。当前，武汉建设轨道交通的经济条件已经成熟，目前武汉市国民经济现实水平和持续快速增长，在财政收入不断提高、财政实力不断增强的现状下，应该进一步加快城市轨道交通建设，形成以大运量轨道交通为主体的城市公共交通服务系统，充分发挥轨道交通的疏导作用，缓解城市中心区的交通压力。根据交通预测分析，到 2010 年，武汉市公交日出行量将为 400 万人次，轨道交通占公交出行比为 25%~30%，轨道交通线网的合理规模为 60~70 公里。根据武汉市国民经济增长预测，到 2010 年武汉市国内生产总值将达到 3675 亿元，2001~2010 年国内生产总值累计为 23287.8 亿元，具备建成 56~85 公里规模轨道线的经济能力。

武汉市于 2001~2002 年编制完成了新一轮《武汉市城市快速轨道交通网络规划》（示意图见图 6-3），远景规划的轨道交通线网由 7 条线路构成，总长约 220 公里，设站 182 座；设置跨长江线路 3 条（预留通道 4 条）、跨汉江通道 2 条。规划有汉口火车站、汉口中心区、洪山广场、武昌火车站、武汉火车站、汉阳十里铺等主要的客运枢纽。

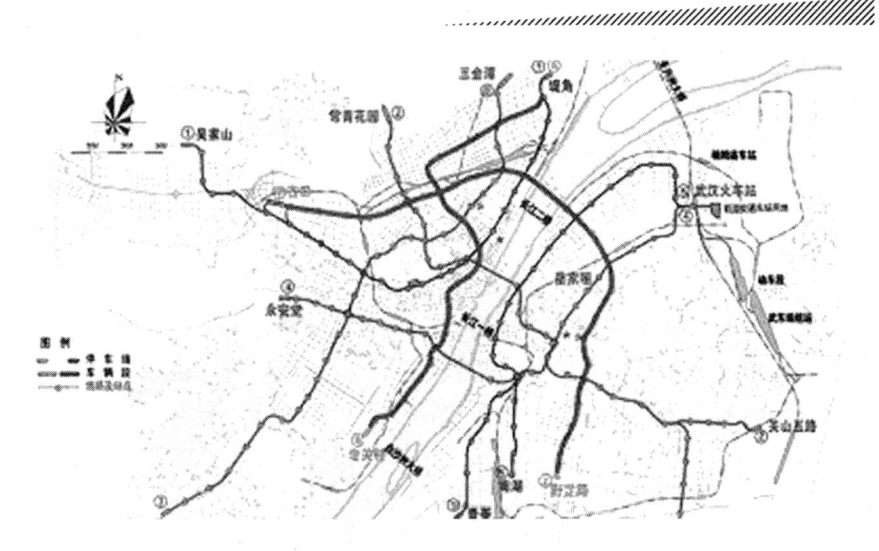

图 6-3 武汉市快速轨道交通网络规划示意图（转引自沈阳地铁网）

高质量的轨道交通对方便市民出行，构建人性化的武汉交通意义重大，其线路设计一定要科学合理，要体现两江交汇、三镇鼎立的城市特色，与城市总体规划和土地利用协调发展，适应客流需求与支持城市发展相结合，沿途应经过大型的住宅社区。同时，建立轨道交通与周边地区常规公交的便捷换乘体系，引导并鼓励人们出行方式向公交方式转变，大力发展区域组团的中心地带，完善步行导入系统，构筑沿轨道交通走廊发展的网状城市结构体系。武汉市城区综合交通调查及公交客流调查分析结果表明，城区内大的客运交通走廊主要分布为汉口东西向、武昌南北向及江南江北的连接通道，主要的客运交通枢纽有汉口火车站、汉口中心区、武昌洪山广场、武昌火车站等。近期应首先启动这些客运交通走廊上的轨道交通建设并尽快投入运营，对缓解城区交通矛盾收效最大，乘客受益最多，给轨道运营也将带来较好的效益。

二、推进武汉交通设施的人性化建设

交通基础设施属于基础设施的一部分，是为满足城市物质生产和居民生活需要，向城市居民和各单位提供基本服务的公共物质设施。目前，武汉市交通基础设施对比长江三角洲、珠江三角洲的城市已明显落后，这种落后状况制约了城市化的发展，也不利于人性化城市交通的形成。为适应武汉交通发展的需要，促进武汉市经济的持续快速发展，武汉市要逐步建立以快速轨道交通为骨干、常规地面交通为主体的城市道路网络，坚持以公共交通为主的方针，重点解决核心区、中心区片及过江交通问题，满足建设现代化国际性城市的需要。武汉主城交通示意图如图6-4所示。

（一）持续推进城市快速路建设

城市中心城区干道包括快速路和主、次干道，以少量的交通用地，提供半数以上的道路容量，是城市道路最重要的基础设施。城市快速路是城市道路中最高等级的道路，是为了保证城市长距离机动车出行者在相对可接受的时间内完成其出行目的而建设的、能相对快速、连续通行的道路系统。城市快速道路的设置适用于快速疏解现代大城市中大型片区间长距离、大流量机动车流或者穿越大中城市的过境车流。对于武汉市这样一个承担极大人流和物流的中心城市而言，快速道路的建设显得尤为紧迫。跨江发展的大城市与一般城市的快速路建设最大的区别在于江两岸的衔接上。武汉市城市道路系统规划明确提出"三环十射"的道路主骨架设想，环线建设在武汉市快速路系统中占据了重要的地位。在不可能建设大量过江设施的前提下，快速路作为高通行能力的城市道路，成为联系长江两岸的主要通道。由此，武汉市主城规划了7条过江通道，平均间距约4公里，与主城内部道路形成3个环线，以相对完善城市道路系统。同时，武汉市总体规划确定了主城为"多中心组团式"的布局结构。快速路系统是联系组团片区间的重要通道，为武汉的建设和发展提供交通支撑。

（二）改善低等级道路的通达性

城市中的低等级道路是指中心城区的支路，它除为机动车提供到达服务外，也是慢行交通使用的主要道路。通过梳理道路"瓶颈"、堵头和错位道路，保持低等级道路的连贯性，可以有效地疏导、分流城市干道的交通流，减少干道的拥堵，这在武汉城区十分重要。武汉市汉口中心城区路网密度较大，交通出行均衡地分布在主、次干道上，而武昌中心城区既受湖泊和山体分割及城市格局的影响，又受到一些大机关、企业和高校围城式的格局影响，断头路较多，交通出行主要分布在联系青山区与武昌区的南北向干道，以及与向东出城道路相连的东西向干道上。2005年的车速调查表明，中心区主干道平均车速仅有26.3公里/小时，中山大道仅为

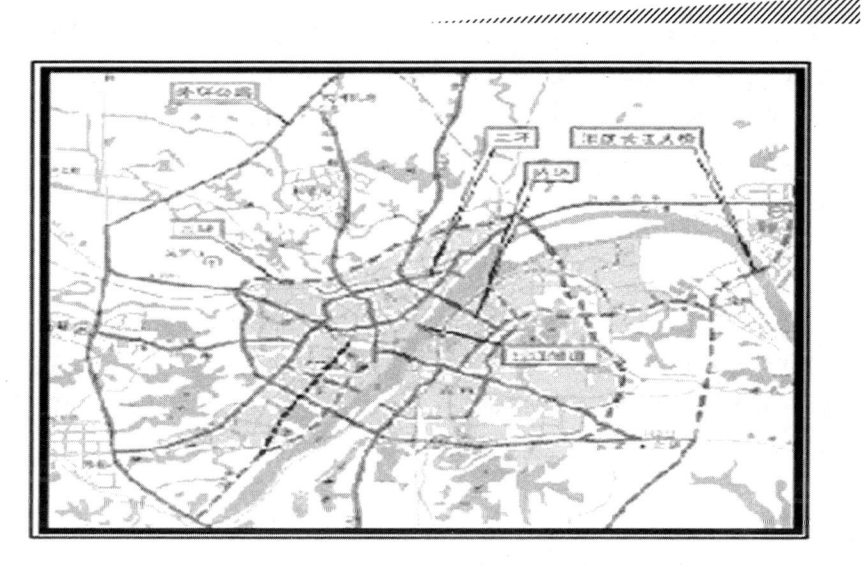

图6-4 武汉主城交通规划示意图（转引自武汉新区投资公司网）

3.3公里/小时；徐东路仅为7.8公里/小时。同时，武汉市应在中心区机动车专用的主、次干道附近，联通和梳理平行的支路，辟建非机动车通道，逐步形成功能完善、覆盖面广的低等级道路系统，为市民生活提供最直接的服务，为慢行交通创造良好的通行条件，保障残疾人等弱势群体的出行需求。

（三）实现各种公交方式间的人性化连接

在整个公交体系中，各种不同交通方式间的衔接无疑是最容易出现等候和产生延迟的环节，因此应注意构建它们之间的人性化连接。在当前不能完全做到无缝连接的情况下，可以先实现不同交通方式间的发车、到达信息共享，相互间联网售票，以最大限度地方便乘客换乘，减少等候和延迟。同时，完善的公交换乘设施，可以减轻市民出行的疲劳感，提升他们的心理感受。公交换乘设施的建设应纳入城市建设的规划，要保障公交换乘设施用地需要。同时，换乘车站应加强和完善服务功能，给乘客提供足够的换乘信息，如经过本站点的所有线路的方向、车辆时刻表，本市所有线路的大致走向图，本市重要公交换乘点的位置和换乘内容等，以方便人们出行。为提高公交候车服务水平、增加候车乘客的耐心程度，在条件许可的情况下，可以在换乘车站内部提供视频播放娱乐设施服务，并提供电话、公共卫生、书报亭和小杂货店等附属设施。

（四）加快公交港湾建设

公交港湾，就是在沿道路的公交站点、公交站群位置对道路进行渠化（增宽）处理，以减小对快车道上车辆的影响，使公交站点处凹进去呈港湾的形状，每个港湾式站台的长度约为25米，内凹最深处一般为2米左右（示意图见图6-5）。公交港湾的好处是保证公交站点的交通秩序和乘客的乘车安全，提高公交运行效率，减少对机动车交通的影响（尤其对窄路更有成效），提高道路通行能力。2004年，武汉建成了友谊大道、中南路、丁字桥、傅家坡、阅马场、洪山、古琴台、沌阳大道等公交港湾，2005年，港湾式站点总数达到了302个，但在武汉市1800个公交站点中所占比重太小。随着武汉市公交车数量的快速增长，公交站群周边产生阻塞的现象越来越严重，应加快快速路、主干道上的公交港湾建设的力度，确保公交站点的交通秩序和乘客的乘车安全。

图6-5　武汉沌阳大道的五彩公交港湾示意图（转引自荆楚网）

（五）加强城市交通立体化建设

武汉市目前还是以平面交通为主，轻轨和公交线网在与规划的客运站场衔接上还不够顺畅，同时武汉市的立体交通建设给人以"重北轻南"的感觉。汉口的主干道基本都在进行立体化通行方式改造，2005年年底，解放大道航空路至黄浦大街5.7公里直行路段只剩台北路一个左转的红绿灯，车辆时速可达40公里。可是，武昌的主要路口还在靠信号灯指挥。

从商业繁华、人流量大的武昌大东门至傅家坡近1公里的路段设有中间隔离护栏,只有1处行人过街天桥,割断的距离分别达到520米和420米左右;宝通禅寺至亚贸人行天桥路段的割断距离也达480米左右,行人过街十分不便,经常有人翻越护栏,造成危险。2006年年初,新开业的新世界商场、工贸家电等都位于街道口路口,节假日购物高峰期时,大量行人穿越马路,和车辆抢行,既不安全也影响交通,应该考虑在此修建行人地下通道,在中南路、街道口路口、卓刀泉路口修建直行高架桥。

三、加强城市交通的人性化管理

(一) 促进武汉市交通管理手段的现代化

现代化的管理是实现人性化城市交通的重要基础,武汉市应高度重视现代化管理手段的研究和使用,提高交通管理的水平。在我国许多城市,如北京、上海等正在逐步实现智能交通系统的应用,武汉市需要调动各方面的积极性,依托各部门的资源与力量,共同推进本市的智能化交通系统建设。由于智能交通系统在条块和行业分割较严重的交通运输领域进行开发与应用,首先应加强部门的协调,成立相应的组织,动员与交通运输相关的部门共同参与有关项目的研究和建设。其次要充分利用武汉市的信息技术和网络基础设施资源,在技术上立足于高起点和高标准,力争与世界先进技术同步,避免重复建设和低水平重复开发。再次要注重开放性与标准化相结合,既调动各方面的积极性,集合各方面的资源,又保证系统的兼容性,保证市场的开放和公平。

(二) 实现武汉市交通管理中的人性化执法

交通管理部门是构建人性化城市交通的重要力量,应该以让人民满意为标准,树立"管理就是服务"的思想和尊重人、善待人的执法伦理观念,实行人性化执法。

1. 以服务为本,维护群众利益。交通管理部门在遇到特殊的交通问题时,应把其他交通参与者的利益和需要放在首位,交通管理措施的制定要体现服务意识。武汉交通的根本问题是过江,"两江三镇"的地理特征是武汉市交通发展的"瓶颈"。武汉虽然有六座桥(包括在建的两座),但真正属于城市交通桥的只有两座,过江压力巨大,尤其是城市干道施工时,压力会更大。为此,保证交通基本正常的措施可以是两个方面:一是加大警力投入，强化交通疏导。一是限制车流。武汉市交管部门在 2005 年年初江汉一桥封闭施工起对中型以下客车实行按车辆号牌尾数单双日通行，江汉一桥施工结束后仍然如此，并于 2006 年 2 月阅马场下穿通道施工时，对长江二桥也实行单双日通行，而汽渡和正在进行汉阳部分施工的长江三桥通行能力十分有限。一方面长江二桥桥宽车稀；另一方面大量车辆又望江兴叹，对外地到武汉办事的车辆就更为麻烦，这样以堵为主的限制措施体现的不是服务为先，而是管理为先，为了自己管理方便。

2. 预防在先，透明执法。事前提示和违法告知（见图 6-6）实际上是一种预警制度，体现了执法工作的透明、公开，应当成为交警执法的必经程序。交警暗中执法问题一直颇受市民争议，2006 年 2 月 9 日湖北省交警总队提出：湖北省交警要变暗中执法为透明执法，并要求在电子眼前方 50~100 米处设置明显提醒标志，当司机第一次出现违法行为时，及时告知、警示他们，避免重复违法，重蹈覆辙。武汉市公安交通管理局 2005 年年底推行新举措，车主只需填一个表格，写清准确地址，交管部门就可以通过特快专递免费将电子违法记录、机动车年审通知、车辆报废的提前通知送到车主手中，受到社会的普遍好评。这些措施还应该进一步

图 6-6　武汉交警街头透明执法（转引自荆楚网）

细化和推广。

3. 尊重他人，以情动人。作为交通警察要尊重交通参与者或交通违章者的心理感受和人格尊严，在执法过程中要注意以情动人，就是交警要带着感情去管理，在执勤执法的态度、方式中体现公正、公平、快捷等富有人情味的要求，引发人们积极的情感体验和心理感受的提升。从2005年4月4日起，湖北省交警总队开始实施对司机和行人的18种轻微道路交通违法行为不罚款，对当事人进行警告、教育后放行的新规定，受到驾驶员的欢迎。同时，交警应多使用贴切、温和的语言，如武汉街头常可见到的"安全才能回家"、"彼此让一让，安全有保障"（见图6-7）等，会给交通参与者带来亲切感和认同感，体现了执法的人性化。

图6-7 武汉街头的亲和力交通警示语（转引自湖北新闻网）

（三）控制城市交通污染

1. 有计划推进"油改气"工程。据统计，目前全球汽车消耗的石油占全球石油消耗总量的58%左右，汽车排放的尾气已成为环境污染的主要污染源之一。巨大的交通量给我们提供方便的同时也给我们的环境带来了巨大的污染。液化石油气和天然气被普遍认为是汽油和柴油最好的替代燃料，在我国被用做轻型车辆燃料已有多年。根据2006年8月2日在武昌中山路道达尔加油站和和平大道民生加气站调查，作为武汉市出租车主要车型的神龙富康车，在改造前每天平均耗47升，按93号汽油每升4.90元计算，约230元。油改气后，每天加液化石油气约57升，按液化石油气每升3.78元计算，约215元，每天能节省15元左右，一年能省5000元左右。如果在其他季节出租车不需要开空调时，耗油和耗气量都会相应地降低。目前，在武汉市已超过62万辆的机动车辆中，"绿色交通工具"的比例不到1%，交通污染已取代以前的煤烟，成为武汉市的主要污染源。油改气不仅可以节省燃料费用，更可以减轻城市空气污染。据环保专家检测，燃油车改装成液化气车后，排污量仅为原来的2%~14%，尾气中不含对人体有害的铅、苯、硫等成分，噪声也小，车辆的使用寿命也可相对延长。经检测，605路车油改气后，尾气污染减少50%以上。但是，由于车改费（5000多元）较高，加气站点不足，液化气车保养费用相对要高，部分抵消了油改气带来的好处，影响了这项工作的推进，需要政府协调推进。

2. 严格控制噪声污染。交通噪声污染已经或正在成为我国城市发展过程中一个不容忽视的问题。据监测，来自机动车的交通噪声占城市噪声污染的60.9%，必须加以严格控制。从2005年7月1日起，武汉市中心城区34条道路及其环线区域内，全面禁鸣，对降低城市交通噪声污染效果明显。武汉市应以城市中心区为重点，严格执行国家标准，逐步扩大机动车禁鸣范围，营造安静的居住环境；同时开发新技术来减轻噪声对城市居民的困扰，如结合城市干道建设，开发、应用降噪新技术，在高架道路、外环线、高速公路入城段积极试行吸声路面、吸声涂料等降噪措施；进一步开发轨道减震、封闭型隔声屏障技术，并逐步改造现有隔声屏障等。

（四）推进市民交通安全教育

交通安全的教育宣传工作是执行交通法规，维护交通秩序，保障交通安全，发挥道路功能，提高交通效率的有效保证。武汉市的交通安全教育工作还比较薄弱，市民的交通安全意识还不强。武汉市解放大道永清街至循礼门的3.8公里路段，每天投入人力过百，年耗资过百万仍难以管住行人违章过马路，仅 2005 年 1~6 月，这一路段因行人违章仍造成大小事故 121 起，80 余人受伤。可见，不仅要加强对驾驶员进行行车安全和交通法规的教育，也要对行人加强交通安全意识方面的教育。要广泛、深入地开展交通安全教育，在中小学就要开设交通安全教育课，做到交通安全人人有责，不断提高交通参与者的交通行为素质。

图 6-8　武汉解放大道的交通监管岗（转引自荆楚网）

第四节　本章小结

本章在分析了武汉市城市交通发展的现状并应用在第四章中得出的评价模型对武汉市城市交通发展的人性化水平进行评价的基础上，提出了武汉市构建人性化城市交通的途径，包括制定有特色的人性化武汉交通发展规划、推进武汉交通设施的人性化建设、加强城市交通的人性化管理。

参考文献

[1] 张耀平. 21世纪初美英澳运输与物流战略. 北京：人民交通出版社, 2001.

[2] 杨晓光. 城市道路交通设计指南. 北京：人民交通出版社, 2003.

[3] 王炜, 徐吉谦, 杨涛. 城市交通规划. 南京：东南大学出版社, 1999.

[4] 陆化普. 城市交通现代化管理. 北京：人民交通出版社, 1999.

[5] 文国玮. 城市交通与道路系统规划. 北京：清华大学出版社, 2001.

[6] 杨兆升. 城市智能公共交通系统理论与方法. 北京：中国铁道出版社, 2004.

[7] 张殿业. 道路交通安全管理规划指南. 北京：人民交通出版社, 2005.

[8] 张起森, 张亚平. 道路通行能力分析. 北京：人民交通出版社, 2002.

[9] 刘天齐. 环境保护. 北京：化学工业出版社, 1996.

[10] 王炜. 交通工程. 上海：同济大学出版社, 2003.

[11] 杨浩, 赵鹏. 交通运输的可持续发展. 北京：中国铁道出版社, 2001.

[12] 李岳林, 王生昌. 交通运输环境污染与控制. 北京：机械工业出版社, 2003.

[13] 公安部交通管理局. 全国道路交通事故统计资料汇编1994. 北京：群众出版社, 1994.

[14] 杨启帆. 数学建模. 杭州：浙江大学出版社, 1999.

［15］李江. 现代道路交通管理. 北京：人民交通出版社，2000.
［16］杨怀中. 新编人生哲学. 北京：北京广播学院出版社，1992.
［17］杨兆升. 运输系统规划与模型. 北京：人民交通出版社，1996.
［18］杨琪，王笑京. 智能交通系统标准体系原理与方法. 北京：中国铁道出版社，2003.
［19］董鉴鸿. 中国城市建设史（第二版）. 北京：中国建筑工业出版社，1982.
［20］陆锡明. 综合交通规划. 上海：同济大学出版社，2003.
［21］王秀宝. 巴西库里蒂巴市公共交通发展的启示. 交通与运输，2004，(2)：30-31.
［22］赵建有，杨雪峰. 城市道路基本路段安全评价指标的研究. 公路，2004，(9)：103-106.
［23］蔡果，刘江鸿，杨降勇等. 城市道路交通中行人安全问题研究. 华北科技学院学报，2005，2(4)：60-65.
［24］彭国雄，莫汉康. 城市公交停靠站设置常见问题及对策. 交通运输工程学报，2001，1(3)：77-80.
［25］申金升，徐一飞. 城市规划与城市可持续发展初探. 规划师，1999，(2)：12-14.
［26］杨涛. 城市化进程中的南京交通发展战略与规划（上）. 现代城市研究，2003，(1)：50-55.
［27］何玉宏. 城市交通：一道跨世纪的难题. 新东方，2000，(1)：53-58.
［28］王世华，张国华，申金升. 城市交通的可持续发展. 城市公用事业，1997，(2)：44-46.
［29］郭卫东，吕科，梁青槐. 城市交通对环境的影响及其对策. 北方交通大学学报，2003.27(2)：105-109.
［30］金键. 城市交通稳静化探讨. 交通运输工程与信息学报，2003，(2)：82-86，102.
［31］何玉宏，周辉. 城市交通中的人本化设计. 综合运输，2004，(9)：22-24.
［32］李朝阳，谢庆辉. 大城市道路设施供需模型及其应用研究. 城

市发展研究，1998，(4)：39-42.

[33] 陆化普．大城市交通问题的症结与出路．城市发展研究，1997，(5)：16-20.

[34] 冯瑛．邓小平可持续发展思想与全面建设小康社会．陕西教育学院学报，2004.20 (4)：11-14.

[35] 龙汉，陈志龙，姜辉．地下步行通道的社会效益和环境效益计算方法．地下空间，2004.24 (2)：256-259.

[36] 冈田宏（日）．东京城市轨道交通系统的规划、建设和管理．城市轨道交通研究，2003，(3)：1-7.

[37] 沈清基．对城市规划几个问题的思考．城市规划汇刊，1994，(1)：11-14.

[38] 潘军，殷广涛．对城市交通发展战略研究的思考．城市交通，2004，(2)：33-36.

[39] 阎军．对机动车污染的控制．国外城市规划，1996，(3)：53-56.

[40] 杨世宏，孙迪亮．对现代企业人性化管理的思考．西南科技大学学报（哲学社会科学版），2004，(4)：92-96.

[41] 张雪松，陈敏．多种公共交通运输方式与社会经济协调发展．价格理论与实践，2006，(11)：26-27.

[42] 林万明．高速公路的空间环境与景观设计．中国园林，2003，(3)：65-68.

[43] 张萍．高速公路沿线房建设施的景观设计．中外建筑，2003，(5)：23-24.

[44] 袁玲．公路景观绿化的交通特性研究．公路，2004，(10)：149-151.

[45] 李林波，万燕花．关于城市公共交通系统发展的思考．综合运输，2003，(5)：37-39.

[46] 刘建平，王建丽．关于我国私人小轿车发展的若干思考．消费经济，2005.21 (1)：55-58.

[47] 孙艳军，包芸，陈胜祥等．广州市全城交通污染宏观仿真模拟研究．中山大学学报（自然科学版），2005.44 (6)：127-129.

[48] 高进博,吴海燕,张蕊. 国际性大都市交通出行方式综合分析. 北京建筑工程学院学报,2005.21(3):41-45.

[49] 李颖,刘延平,李红昌. 国外城市公交立法及其对北京公交发展的启示. 首都经济,2001,(12):48-50.

[50] 田军,张朋柱,王刊良等. 基于德尔菲法的专家意见集成模型研究. 系统工程理论与实践,2004,(1):57-62.

[51] 王云鹏,沙学锋,魄海林等. 基于汽车排放评估的交通环境评价方法. 吉林大学学报(工学版),2004,(1):118-121.

[52] 杨云彦. 加快武汉城市圈建设促进湖北在中部崛起. 政策,2005,(8):8-9.

[53] 仇保兴. 加强落实城市公共交通优先发展战略. 城市交通,2006.4(1):5-10.

[54] 肖玲. 建设国际化大都市一体化交通的目标、原则和基本途径. 现代城市研究,2004,(1):31-33.

[55] 龙宁,陈华,佘世英. 建设跨江城市快速路系统. 国外城市规划,2006.21(1):83-86.

[56] 刘志硕,申金升,魏宏业等. 交通环境承载力动态离散计算方法及应用. 管理工程学报,2004,(1):64-67.

[57] 何玉宏,邢元梅. 交通社会学研究. 理论月刊,2004,(12):38-42.

[58] 王培宏,贺国光. 交通一体化:综合运输的发展方向. 综合运输,2003,(10):10-11.

[59] 陈晓永. 京津冀产业发展功能定位与产业集群空间分布. 河北经贸大学学报,2005.26(6):49-56.

[60] 干秀华. 居住环境的人性化设计. 上海应用技术学院学报,2004,(1):58-60.

[61] 王自成. 考察归来话城市交通管理. 道路交通管理,2003,(7):40-43.

[62] 蒋大治,镇海燕,李文权等. 可持续发展的城市交通管理评价体系研究. 洛阳大学学报,2002,(12):36-40.

[63] 王骏阳. 库里蒂巴与可持续发展规划. 国外城市规划,2000,

(4): 9-12.

[64] 萧琳, 黄正泉. 论人性化教育. 高等农业教育, 2004, (5): 10-13.

[65] 周江波, 张磊. 青岛交通新风: 车让人. 人让车. 车让车. 道路交通管理, 2003, (6): 4-6.

[66] 申金升, 刘志硕. 清洁交通若干问题的探讨. 交通运输系统工程与信息, 2002, (4): 63-67.

[67] 何玉宏. 囚徒困境——轿车进入中国家庭的难题. 城市管理, 2003, (1): 40.

[68] 吴沁芳. 人性化: 道德实现的根本性归依——道德实现的本源性探析. 北京大学学报(哲学社会科学版), 2002, (S1): 36-40.

[69] 王兴, 李立. 人性化管理思想溯源及其现实性研究. 青岛科技大学学报(社会科学版), 2004, (3): 96-100.

[70] 苗拴明, 赵英, 刘威等. 沈阳市城市交通发展战略与目标选择. 城市规划, 1999, (9): 45-47.

[71] 王铁城, 陈善亮. 提高公共汽车运营速度的对策研究. 城市公共交通, 2003, (2): 6-8.

[72] 肖莹. 武汉交通拥堵症分析. 交通与运输, 2006, (1): 62-63.

[73] 熊玲, 王长裕. 武汉市城市轨道交通建设规划. 现代城市轨道交通, 2004, (3): 4-7.

[74] 邓颖敏. 新城市主义的人性化设计思想分析. 中外建筑, 2004, (1): 58-60.

[75] 秦国栋. 新时期城市轨道交通发展的思考. 城市交通, 2006.4 (2): 1-5.

[76] 黄芳. 依靠ITS促进武汉城市交通可持续发展. 综合运输, 2003, (5): 40-41.

[77] 韩庆祥. "以人为本"的科学内涵及其理性实践. 河北学刊, 2004, (3): 67-73.

[78] 许传忠, 刘杨, 李志. 由车本位到人本位——城市交通可持续发展探析. 规划师, 2003, (9): 80-81.

[79] 杨东凯, 吴今培, 张其善. 智能交通系统（ITS）的发展及其模型化研究. 北京航空航天大学学报, 2000, (1): 22-25.

[80] 茅于轼细释城市"拥挤成本". 新华日报, 2003.5.18.

[81] 庞华玮. 缺乏规划延续性问诊广州城市病. 亚太经济时报, 2004.8.10.

[82] 武汉市环境保护局. 2005年武汉市环境状况公报. 武汉环境保护（www.whepb.gov.cn）, 2006.7.7.

[83] 2005武汉市交通发展年度报告（蓝皮书）. 武汉交通规划网（www.whtpi.com）, 2005.9.13.

[84] 2005年中国环境状况公报. 国家环境保护总局（www.sepa.gov.cn）, 2006.6.12.

[85] 北京市交通委称十一五期间将坚持公交优先战略. 搜狐-新闻（www.news.sohu.com）, 2006.1.13.

[86] 公安部召开新闻发布会通报2005年全国道路交通安全情况. 中华人民共和国公安部（www.mps.gov.cn）, 2006.1.12.

[87] 公安部召开新闻发布会通报2006年上半年全国道路交通安全情况. 中华人民共和国公安部（www.mps.gov.cn）, 2006.7.26.

[88] 国外公交一瞥. 中国警察网（www.cpd.com.cn）, 2005.7.9.

[89] 赵波平, 盛志前. 适合我国当前城市化进程的主导交通工具分析. 城市交通（www.chinautc.com/organization/2003/007.asp）.

[90] 熊金超. 我国打造中部崛起新通道武汉交通建设加快. 中华人民共和国交通部（www.moc.gov.cn）, 2006.3.22.

[91] 陆建. 城市交通系统可持续发展规划理论与方法：（博士学位论文）. 南京：东南大学, 2003.

[92] 李朝阳. 面向可持续发展的城市道路规划建设研究：（博士学位论文）. 上海：同济大学, 2003.

[93] 杨立东. 城市交通的人性化研究：（硕士学位论文）. 武汉：武汉理工大学, 2004.

[94] 武汉市城市综合交通规划设计院. 2006武汉市交通发展年度报告（蓝皮书）.

[95] 湖北省实施城市畅通工程领导小组办公室. 城市道路交通管理

评价指标体系（2005 年版）学习手册，2005.11.

[96] Forrest M Council, Patricia F Waller, Susan S. Gallagher. Highway Safety Programs and the Need for Quality – based Methods. Quality Progress, 1998 (2): 31 – 34.

[97] Kees Nije, Hillie Talens. Traffic Calming: Implementation of a Philosophy. Institute of Transportation Engineers, 2001, (3): 34 – 38.

后 记

2002年，我开始师从张培林教授和王呈方教授在职攻读博士学位。近三年来，本书从选题、构思、撰写直到最后定稿，一直是在导师的悉心关怀和指导下进行的，他们让我不断地得到启发，受到鼓舞。同时，黎德扬教授、刘升民教授、方芳教授、张庆年教授等给我授过课的老师给了我重要的思想启迪。

本书主要是我在武汉理工大学经济学院工作期间完成的，王仁祥教授、聂规划教授、魏龙教授、王恕立教授、魏建国教授以及经济学院的其他同志为我提供的宝贵支持和便利，郭春风、李旭峰、张秋艳、朱晓海等同志是我主持的相关研究项目的课题组成员，为我分担了许多具体的工作。在学习调研期间，湖北省交警总队总队长王洪宪先生为我提供了重要的帮助。

我衷心感谢以上老师，感谢一切关心、帮助过我的领导和同志们。

本书的出版得到了中国社会科学出版社以及卢小生编审的大力支持和帮助。张培林教授热情地为本书写了序。在本书写作过程中参阅了许多同志的研究成果，在此一并表示衷心的感谢。

作　者
2007年7月于武汉